Karl-Heinz Langer, Heinz Lewe, Michael Schnücker

Bergedorfer® Grundschulpraxis

Mathematik

1. Klasse

Band 2

Persen Verlag

Gedruckt auf umweltbewusst gefertigtem, chlorfrei gebleichtem und alterungsbeständigem Papier

1. Auflage 2004
Nach der Neuregelung der deutschen Rechtschreibung

Illustrationen: Charlotte Wagner
Satz: media.design, Neumünster

ISBN 3-89358-**959**-7

INHALTSVERZEICHNIS

1 Vorwort: Lernen im Mathematikunterricht

Bedeutung der Lebenswirklichkeit

„Unsere mathematischen Konzepte, Strukturen und Ideen wurden als Instrumente zur Ordnung von Phänomenen der physischen, sozialen und mentalen Welt erfunden." [1]

Demzufolge sollte es Aufgabe des Mathematikunterrichts sein, an den Erfahrungen der Kinder anzuknüpfen und sie mathematische Zusammenhänge in der Lebenswirklichkeit entdecken zu lassen. Sie erwerben dadurch Einsichten in fachliche Grundstrukturen und sind mit ihrer Hilfe in der Lage, Lebenssituationen unter dem Aspekt von Menge und Zahl zu betrachten und zu bearbeiten.

Ein Beispiel möge das verdeutlichen: Nehmen wir an, Kinder wollen eine Radtour planen und dabei den Zeitpunkt des Starts, der Rückkehr und die Dauer des Aufenthaltes festlegen. Dazu ist es notwendig, die einzelnen Streckenabschnitte z. B. mit Hilfe der Landkarte zu bestimmen, um daraus die für die Teilstrecken erforderliche Fahrzeit zu berechnen. Der Aspekt der Geschwindigkeit als Weg pro Zeit gerät in den Blick. In der Auseinandersetzung mit dieser Fragestellung werden Kinder wahrscheinlich ihre vielfältigen persönlichen Erfahrungen aktualisieren: Je schneller/langsamer ich eine bestimmte Strecke, z. B. meinen Schulweg, gehe, desto weniger/mehr Zeit benötige ich dafür. Oder: Wenn ich den Schulweg zu spät angetreten habe, muss ich schneller gehen, damit ich vielleicht doch noch pünktlich an der Schule ankomme. Dies könnte die Grundlage für entsprechende Experimente sein, in denen Strecke und Zeit bestimmt werden, um daraus den Quotienten „Geschwindigkeit als Weg pro Zeiteinheit" zu berechnen. So werden die Kinder wichtige Kompetenzen (Faktenwissen und Vorgehensweisen/Methoden) entwickeln, mit deren Hilfe sie ähnliche Situationen erfolgreich bearbeiten können.

Konstruktion neuen Wissens durch die Lernenden

Neues Wissen entsteht also dadurch, dass Erfahrungen mit vorhandenen Wissensstrukturen oder -netzen verbunden werden. Diese werden erweitert – oder je nachdem, ob das neue Wissen in Widerspruch zu vorhandenen Strukturen gerät – umstrukturiert.

Lernen ist also ein Prozess, der sich im Einzelnen vollzieht und der aufgrund des Vorwissens bei jedem anders verläuft.

Ein weiterer Aspekt des Lernens gerät in den Blick: Die lernende Person geht mit einer bestimmten Erwartung an die Problemlösung. Sie wird also nicht wahllos suchen und probieren, sondern bereits erworbenes Wissen und Können aktivieren und unter diesem Aspekt den Sachverhalt zu analysieren versuchen. Dieses aktive Durchsuchen des vorhandenen Wissens ist ein wesentlicher Bestandteil von Lernprozessen, es macht sie letztlich erst möglich.

Lernende passen also ihre Konstruktionen so lange den Widerständen der Wirklichkeit an, bis eine für das Handeln zureichende Anpassung erreicht ist.

„Die Kognitionspsychologie betont ... vor allem die Situiertheit des Lernens, das heißt, Lernen erfolgt in sozialen Kontexten, in biografischen Lebenssituationen, in spezifischen Lernumgebungen, mit Blick auf lebensweltliche Verwendungssituationen. Ohne eine solche ‚Situierung' bleibt erlerntes Wissen ‚träge', oberflächlich und lebenspraktisch nicht verfügbar." [2]

„Lehren ... soll im Schüler Verstehen hervorbringen – und Verstehen verlangt den Aufbau von Begriffsstrukturen, die sich nicht nur im gegebenen Lebensbereich, sondern zumeist auch darüber hinaus erfolgreich anwenden lassen. Die Strukturen, die es aufzubauen gilt, bestehen aus Begriffen, die durch bestimmte Beziehungen verbunden sind ... Da Begriffe ... nicht als in einer vom wissenden Subjekt unabhängigen Realität betrachtet werden, sondern als Erzeugnisse der Anpassung, können sie nur aus Bestandteilen zusammengesetzt werden, die das Subjekt von seinen eigenen Erfahrungen abstrahieren kann." [3]

Daher ist es wichtig, den Kindern die Möglichkeit zu geben, sich mit Aufgabenstellungen zunächst selbstständig auseinander zu setzen, damit sie auf der Grundlage ihres individuellen Wissens eigene Lösungswege entwickeln können.

---

[1] Freudenthal, H.: Didactical Phenomenenology of Mathematical Structures. Reidel, Dortdrecht 1983

[2] Siebert, Horst: Pädagogischer Konstruktivismus. Neuwied, Kriftel 1999, Seite 20

[3] von Glasersfeld, Ernst: Aspekte einer konstruktivistischen Didaktik. In: Landesinstitut für Schule und Weiterbildung: Lehren und Lernen als konstruktive Tätigkeit, Soest 1995, Seite 9

Der gemeinsamen Reflexion der Lösungswege kommt in diesem Zusammenhang eine besondere Bedeutung zu, weil die Kinder so lernen, eigene Lösungswege darzustellen, zu begründen und gleichzeitig die Lösungswege anderer zu verstehen. Mathematische Begriffe und Operationen bleiben so nicht unverstandene Sätze, sie knüpfen bewusst an das Vorwissen der Schülerinnen und Schüler an und werden so in das individuelle Wissensnetz integriert.

Die veränderte Wissensbasis wird dann wiederum zum Vorwissen für weitere Lernprozesse, wenn das neue Wissen in den vorhandenen kognitiven Strukturen verankert wurde oder wenn veränderte Wissensstrukturen das neue Wissen integrieren. So wird einsichtig: Es wird offensichtlich das am besten behalten, was verstanden, also mit dem bereits vorhandenen Wissen vernetzt wurde.

Mathematisierung einer Sachsituation als Analogieschluss

Mathematisieren einer Sachsituation heißt, eben diese Situation unter dem Aspekt der Mathematik zu betrachten, ihre strukturellen Abhängigkeiten zu erkennen und in einem mathematischen Modell zusammenzufassen.

Im Grunde geht es hier um die Entwicklung mentaler Modelle, deren Entwicklung Norbert Seel so beschreibt:

„Personen treffen Aussagen über bzw. Vorhersagen für einen bestimmten Sachverhalt (Zielbereich), indem sie auf ihr Wissen über ähnliche Sachverhalte (Basisbereich) zurückgreifen und für beide ein mentales Modell erzeugen. Aufgrund der feststellbaren strukturellen Ähnlichkeit zwischen den Modellen des Basis- und des Zielbereichs gelangt die Person zu einem Analogieschluss und integriert dann beide Modelle unter Annahme der Gleichförmigkeit in ein gemeinsames Lösungsmodell und prüft, ob kein alternatives Lösungsmodell erzeugbar ist.“[4]

Nehmen wir an, ein Kind hat beim Laufen auf dem Sportplatz erste Erfahrungen mit dem Zusammenhang von Weg, Zeit und Geschwindigkeit gemacht. Es hat dabei z. B. gelernt, dass es bei gleicher Geschwindigkeit in doppelter Zeit den doppelten Weg zurücklegt oder bei halber Geschwindigkeit in gleicher Zeit den halben Weg schafft. Unter Anwendung dieses Wissen kann es auf strukturell gleiche Verhältnisse beim Fahrradfahren schließen, also die Analogie feststellen. Es ist also in der Lage, diesen Sachverhalt gedanklich zu simulieren.

Die Konstruktion der mentalen Modelle kann Ausgangspunkt für die Entwicklung und Konsolidierung analoger Interferenzschemata werden, die direkt auf neue Sachverhalte angewandt werden können. Dies könnte z. B. bei dem Kind, das sich mit der Geschwindigkeit beim Laufen und Radfahren beschäftigt hat, der Fall sein. Seel referiert Einzelstudien, die zeigen, dass Kinder im Grundschulalter, wenn sie ein Denkproblem gelöst haben, über ein entsprechendes Interferenzschema verfügen, das sie sogleich auf analoge Situationen übertragen können.[5]

Im Gegensatz zum mentalen Modell, das jeweils im konkreten Vollzug neu entwickelt wird, wird das Interferenzschema eins zu eins übertragen; das heißt: Es passt oder es passt nicht. Daher kommt es hier immer dann zu Fehlschlüssen, wenn die Struktur des Zielbereichs nicht in voller Tiefe erfasst wird – ein Problem, das häufig bei der Bearbeitung von Sachaufgaben auftritt.

Ein Beispiel aus dem Mathematikunterricht der Sekundarstufe I möge das verdeutlichen: Wurde im Unterricht die Berechnung von Prozentsatz, Prozent- und Grundwert eingeübt, so steht bei ähnlichen Aufgabenstellungen ein Interferenzschema zur Verfügung. Bei folgender Aufgabe wird es versagen: Ein Fachbuch kostet 35,64 €. Wie hoch ist der Einkaufspreis, wenn der Buchhändlerrabatt 25% und die Mehrwertsteuer 7% beträgt? Die direkte Übertragung gelingt nicht. Wenn kein entsprechendes Interferenzschema zur Verfügung steht, muss unter Berücksichtigung der strukturellen Zusammenhänge der Prozentrechnung ein mentales Modell entwickelt werden.

Funktion der Kopiervorlagen

Die nachfolgenden Kopiervorlagen für Arbeitsblätter, Spiele, Material für Werkstattunterricht etc. haben daher die Funktion, einerseits für die Kinder sinnvolle Aufgabenstellungen aufzuzeigen und andererseits gewonnenes Wissen und Können anzuwenden und zu üben.

Die Kopiervorlagen sind jeweils in Einheiten zusammengefasst. Die Reihenfolge der Einheiten und der Kopiervorlagen ist nicht als Festlegung des unterrichtlichen Vorgehens gedacht, da die konkrete Unterrichtsplanung selbstverständlich die Situation der jeweiligen Klasse berücksichtigen muss.

[4] Seel, Norbert M.: Psychologie des Lernens, München 2000, Seite 199
[5] Seel, Norbert M.: ebenda, Seite 198

Am Anfang einer neuen Einheit steht oft eine Abbildung, die eine „herausfordernde“ Aufgabenstellung darstellt. Sie kann als Folie oder auch als Arbeitsblatt für die Gruppenarbeit eingesetzt werden.

Die nachfolgenden Materialien bieten Anwendungs- und Übungsbeispiele. Sie haben das Ziel, die im Mittelpunkt stehende mathematische Struktur bzw. Operation produktiv einzuüben und mit dem bereits erworbenen Wissen zu vernetzen.

Um die jeweilige Grundkonzeption, die uns bei der Entwicklung der Materialien geleitet hat, transparent zu machen, stellen wir am Anfang jeder Einheit unsere fachdidaktischen Überlegungen dar, formulieren die Lernmöglichkeiten und beschreiben einen möglichen Einsatz der Kopiervorlagen.

Karl-Heinz Langer
Heinz Lewe
Michael Schnücker

2 Hinweise für den Unterricht

2.1 Vorstellungsbilder

Das Denken wird bei der Ausführung mathematischer Operationen von Vorstellungsbildern bestimmt, es wird durch sie erst möglich. *„Vorstellungsbilder sind keine bildhaften Gedächtnisinhalte, es sind keine Fotografien, die die Schüler aus den Handlungen mit dem Veranschaulichungsmaterial entnehmen könnten. Die Vorstellung spiegelt nicht die Wirklichkeit wider, sondern sie stellt die bildhafte Form des Wissens dar. Mit diesen visuellen Vorstellungsbildern können mentale Operationen ausgeführt werden. Und gerade dies ist für den Mathematikunterricht wesentlich: Arithmetische Operationen werden in Form von Bewegungen repräsentiert ... Damit es im kindlichen Denken zu den mathematischen Objekten kommt, bedarf es der Aufmerksamkeitsfokussierung auf die Zahlenzusammenhänge, die sich während der Handlung verändern. Aus diesem Grunde ist für die Ausbildung von geeigneten arithmetischen Vorstellungsbildern nicht die Handlung mit den Veranschaulichungsmitteln selbst so wesentlich, sondern das Nachdenken darüber."*[1]

In der **Bergedorfer Grundschulpraxis: Mathematik, 1. Klasse, Band 1** stand die Arbeit mit Plättchen auf dem **Zwanzigerfeld** im Vordergrund.
Dieses Veranschaulichungsmittel wird hier weiterentwickelt zum **Zahlenstreifen**, **Zahlenstrahl** und **Zahlstreifen**.

2.1.1 Zwanzigerfeld und Zahlenstreifen

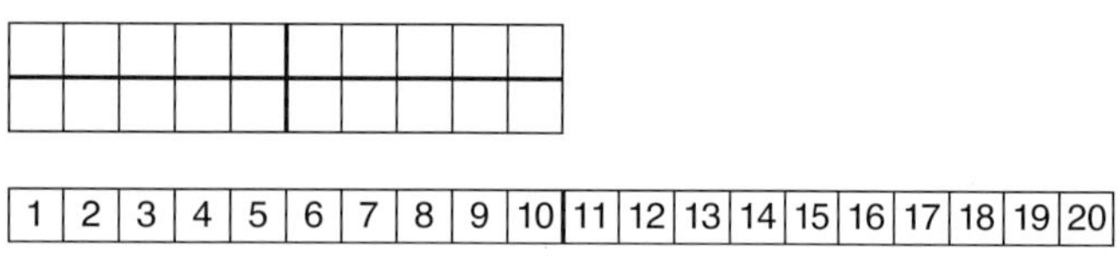

Abbildung 1

Schneidet man das Zwanzigerfeld parallel zu den langen Seiten in zwei gleiche Teile, klebt die Teile an den kurzen Seiten zusammen und schreibt in die Felder die Zahlen von 1 bis 20, erhält man den Zahlenstreifen. Auf ihm können Additions- und Subtraktionsaufgaben in gleicher Weise wie im Zwanzigerfeld gelegt werden. Die Anordnung ist nun nur noch linear möglich, und zwar von links nach rechts; jedes Feld des Zahlenstreifens symbolisiert die darin stehende Zahl. Die Zehnerbündelung wird durch eine dickere Trennlinie nach der Zahl 10 verdeutlicht.

2.1.2 Zahlenstreifen und Zahlenstrahl

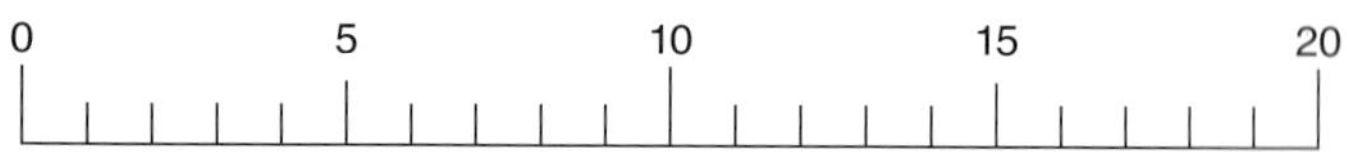

Abbildung 2

Der Zahlenstrahl (s. Abb. 2) ist anders aufgebaut. Man kann sich seine Entstehung so vorstellen: Von einem Ausgangspunkt werden gleich lange Strecken aneinander gelegt. Am Ende einer jeden Strecke wird eine senkrechte Linie eingezeichnet, an die jeweils die Anzahl der bereits angelegten Strecken geschrieben wird. Der Ausgangspunkt wird deshalb mit der 0 gekennzeichnet. Die Zahl 10 bedeutet dann, dass 10 gleiche Strecken aneinander gelegt wurden; die Gesamtstrecke ist dann Repräsentant dieser Zahl.
Der Zusammenhang von Zahlenstreifen und Zahlenstrahl wird deutlich, wenn man sie einander zuordnet (s. Abb. 3)

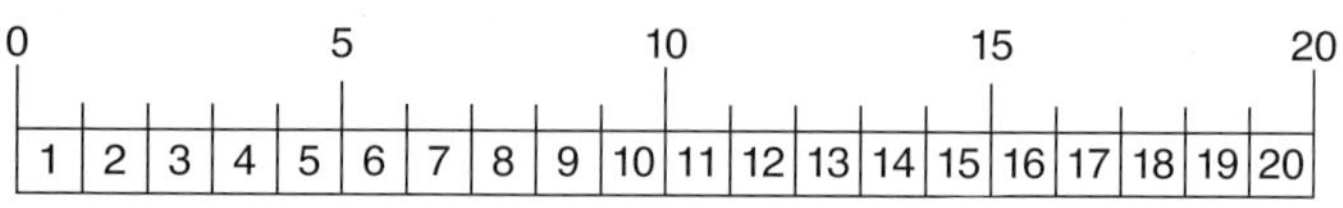

Abbildung 3

2.1.3 Rechnen am Zahlenstreifen

Abbildung 4

Die Plättchen auf dem Zahlenstreifen können hier sowohl die Additionsaufgabe 7 + 4 als auch die Subtraktionsaufgabe 11 – 4 darstellen (s. Abb. 4).

[1] Lorenz, Jens-Holger: Lernschwache Rechner fördern. Berlin 2003, Seite 33

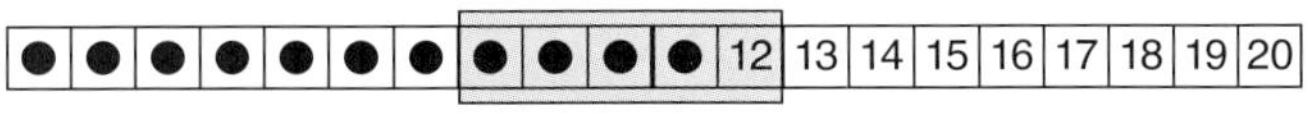

Abbildung 5

Um die Struktur des „Fortnehmens“ deutlicher zu machen, können die Plättchen des Subtrahenden auch mit einer halbtransparenten Folie zugedeckt werden, so dass sie fast nicht mehr zu sehen sind (s. Abb. 5).

2.1.4 Rechnen mit Zahlstreifen am Zahlenstrahl

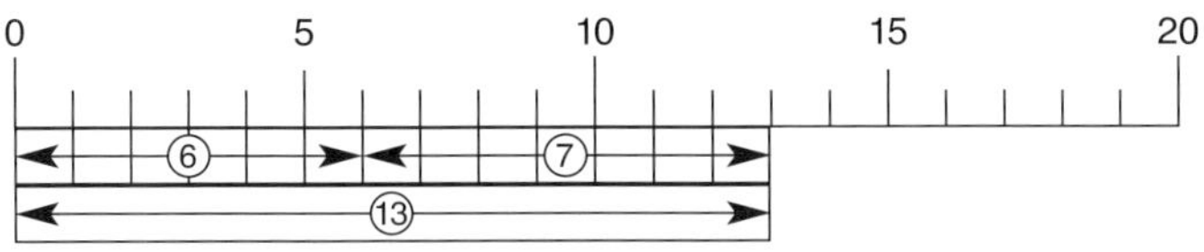

Abbildung 6

Addition

Die Additionsaufgabe 6+7 bedeutet dann, dass die Strecken, die diese beiden Zahlen repräsentieren, aneinander gelegt werden müssen (s. Abb. 6). Die Gesamtstrecke setzt sich aus 13 gleichen Teilstrecken zusammen und repräsentiert damit das Ergebnis der Addition. Genauer: Es wurde eine Vereinigungsmenge gebildet aus der Menge der 6 gleichen Strecken und der Menge der 7 gleichen Strecken. Die Anzahl der Vereinigungsmenge ist 13.
Sie wird in Abb. 6 auf zweifache Weise angezeigt, erstens auf dem Zahlenstrahl und zweitens durch den 13er-Zahlstreifen.
Da man sowohl die Länge des 6er-Zahlstreifens und die des 13er-Zahlstreifens auf dem Zahlenstrahl ablesen kann, ist es vollkommen ausreichend, den 7er-Zahlstreifen so an den Zahlenstrahl zu legen, dass er an der 6 beginnt (s. Abb. 6).

Die auf dem Zahlenstrahl abgetragenen Strecken kann man auch als gleich lange Schritte auffassen. Dann würde die o. a. Addition sich auf zweifache Weise darstellen:

- Man geht von der Null 6 Schritte nach rechts (1. Summand) und geht von dort weitere 7 Schritte ebenfalls nach rechts (2. Summand); man erreicht die 13.

- Man geht von der 6 (man hat im Grunde schon 6 Schritte zurückgelegt) 7 Schritte nach rechts und erreicht die 13.

Subtraktion

Die in Abb. 6 dargestellte Handlung lässt sich ebenso als Subtraktionsaufgabe deuten, nämlich $13 - 7 = 6$, denn von den 13 gleichen Strecken werden 7 weggenommen; also bleiben 6 übrig.
Man kann dies wiederum als Schritte auf dem Zahlenstrahl deuten: Von der 13 geht man 7 Schritte nach links und steht nun auf der 6.

Geschicktes Rechnen

„Geschicktes Rechnen“ lässt sich mit Hilfe der Zahlstreifen am Zahlenstrahl ebenfalls deutlich machen (s. Abb. 7):

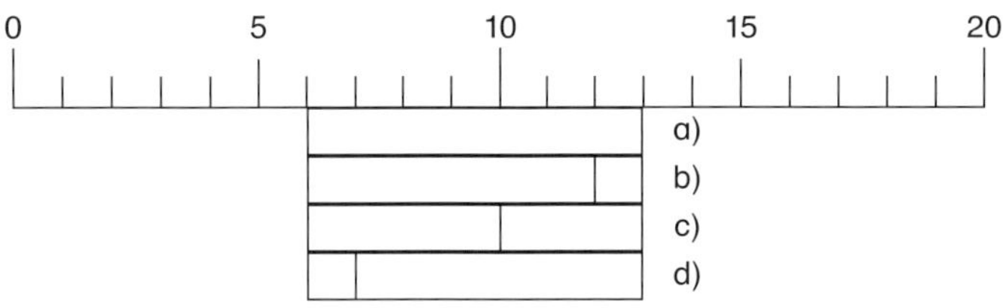

Abbildung 7

Addition: Der Ausgangsterm ist $6 + 7$ (a). Der zweite Summand kann, wenn das Wissen um die Verdoppelung der 6 angewandt wird, aufgegliedert werden in $6 + 1$ (b) oder in $4 + 3$ (c), wenn man zunächst bis zur 10 rechnet.
Subtraktion: Der Ausgangsterm ist $13 - 7$ (a). Bei einer Aufgliederung des Subtrahenden würde die Aufgabe heißen: $13 - 3 - 4$ (c) oder $13 - 1 - 6$ (b) bzw. $13 - 6 - 1$ (d). Die letzten beiden Möglichkeiten berücksichtigen, dass 12 das Doppelte von 6, also $12 - 6 = 6$ ist.

2.1.5 Größer-Kleiner-Gleich-Relation

Ist eine eineindeutige Zuordnung der Elemente einer Menge A zu den Elementen von B möglich, so ist die Anzahl der einen Menge gleich der der anderen. Ist diese eineindeutige Zuordnung nicht möglich, ist die Anzahl der einen Menge größer als die der anderen.

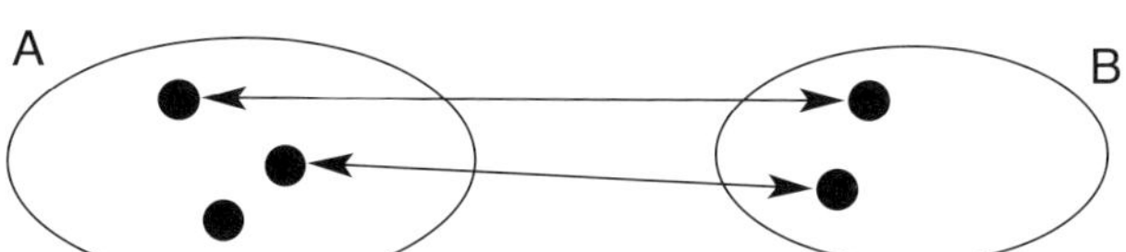

Abbildung 8

Im Beispiel (s. Abb. 8) hat die Menge A ein Element mehr als die Menge B, bzw. die Menge B ein Element weniger als A. Dies wird so ausgedrückt: $3 > 2$ und $2 < 3$.

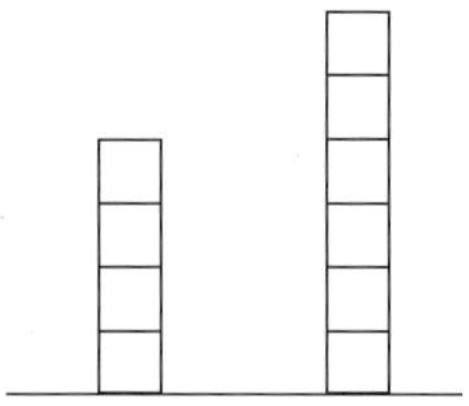

Abbildung 9

Die „Größer als“- bzw. „Kleiner als“-Zeichen dürfen nur zwischen Zahlen stehen. Man kann also sagen, der linke Turm ist kleiner als der rechte, bezogen auf die Zahlen heißt die korrekte Schreibweise: 4 < 6 und 6 > 4 (s. Abb. 9).

Bezogen auf den Zahlenstrahl heißt dies: Die Zahl, die rechts von einer anderen steht, ist immer größer als diese, weil die Anzahl der ihr zugeordneten Teilstrecken größer ist als die der ersten. Umgekehrt ist die Zahl, die links von einer anderen steht, immer kleiner, weil die Anzahl der ihr zugeordneten Strecken kleiner ist.
Durch das sog. „Gehen am Zahlenstrahl“ lässt sich das als Handlung gut verdeutlichen:

- Geht man von einer beliebigen Zahl nach rechts, wird die Anzahl der Schritte immer größer, weil – wie Kinder häufig sagen – Schritte dazukommen.
- Geht man nach links, wird die Anzahl der Schritte von der Null bis zur jeweiligen Zahl mit jedem Schritt kleiner.

Hier zeigt sich auch noch einmal deutlich die Verbindung der dargestellten Relation zu Addition und Subtraktion:
Wenn man zu einer beliebigen Zahl eine andere Zahl addiert, also auf dem Zahlenstrahl nach rechts geht, wird sie größer als die Ausgangszahl. Subtrahiert man von einer beliebigen Zahl eine andere, wird sie kleiner. Sie liegt dann auf dem Zahlenstrahl links von der Ausgangszahl.
Die Formulierung „8 ist größer als 7“ ist für die Kinder missverständlich. Sie können die Aussage „größer als“ oder „kleiner als“ leicht auf die Größe der Zahlzeichen beziehen. Wir empfehlen daher, zunächst die kindliche Sprechweise „8 ist mehr als 7“ oder „7 ist weniger als 8“ zu nutzen. Später kann dann auf dieser Grundlage die in der Mathematik übliche Sprechweise eingeführt werden.

2.1.6 Nachbarzahlen

Die jeweils um 1 größere bzw. um 1 kleinere Zahl nennt man Nachbarzahlen ebendieser Zahl. Die Kenntnis der Nachbarzahlen hilft, den Zahlenraum zu strukturieren. Um Missverständnisse zu vermeiden, sollte man von der größeren und kleineren Nachbarzahl sprechen, nicht von der links oder rechts daneben stehenden.
Zur Orientierung kann es auch sinnvoll sein, z. B. so zu formulieren: „Ich stehe auf der 7 und schaue zur 0/20. Wie heißt die Zahl vor mir?“ Dadurch wird auch die Verbindung zur Addition und Subtraktion hergestellt, denn geht man in die Richtung der 0/20, werden die Zahlen kleiner/größer, wie bei der Subtraktion/Addition.

2.1.7 Additive Aufgliederung von Zahlen

Die additive Aufgliederung von Zahlen ist bereits aus der **Bergedorfer Grundschulpraxis: Mathematik, 1. Klasse, Band 1** bekannt. Sie wird nun auf den Zahlenraum bis 20 angewandt.

Da entsprechend dem Kommutativgesetz $a + b = b + a$ ist, soll bei der additiven Zahlzerlegung die Tauschaufgabe nicht mehr geschrieben werden. Für die Kinder soll somit deutlich werden, dass z. B. die Aussagen 4 + 5 und 5 + 4 völlig identische Aussagen sind und es des-halb genügt, eine aufzuschreiben.
Falls eine Materialunterstützung erforderlich ist, schlagen wir vor, den Kindern Anhang 4.1 (vergrößert) und Wendeplättchen zur Verfügung zu stellen, mit deren Hilfe sie die möglichen Zahlzerlegungen finden können (s. Abb. 10).

1	2	3	4	5	6	7	8	9	10	11	12	13	14	15	16	17	18	19	20
○	○	○	○	○	○	○	○	○	○	○	○								
○	○	○	○	○	○	○	○	○	○	○	●								
○	○	○	○	○	○	○	○	○	○	●	●								
○	○	○	○	○	○	○	○	○	●	●	●								
○	○	○	○	○	○	○	○	●	●	●	●								
○	○	○	○	○	○	○	●	●	●	●	●								
○	○	○	○	○	○	●	●	●	●	●	●								

Abbildung 10

2.1.8 Verdoppeln und Halbieren

Verdoppeln einer Zahl heißt, dass ihr das Zweifache, also das Doppelte zugeordnet wird. Halbieren ist die entsprechende Umkehroperation: Einer Zahl wird der halbe Wert zugeordnet.

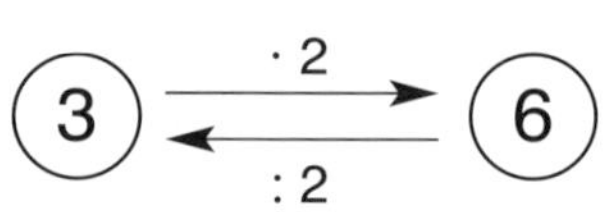

Abbildung 11

Die Kinder können sich diesen Sachverhalt als Handlung so vorstellen: Auf einem Teller liegen 6 Schokoküsse. Sie werden auf 2 Teller verteilt. Nun liegen auf jedem der Teller 3 Schokoküsse, also die Hälfte der ursprünglichen Zahl, weil die 6er-Menge auf 2 Teller verteilt wurde (s. KV 14).
Ein Kind hat 3 Bonbons in der Hand; ein anderes legt

gerade 3 dazu. Also hat es nun die doppelte Anzahl in der Hand, weil 2 Dreier-Mengen zusammengefasst wurden (s. KV 16).

Sowohl für die Strukturierung des Zahlenraums als auch für „geschicktes Rechnen“ ist es hilfreich, wenn bei der Arbeit im Zahlenraum von 1 bis 20 die Kinder den Zahlen von 1 bis 10 das Doppelte und den Zahlen von 2 bis 20 die Hälfte zuordnen können. Beispiel:
$7 + 8 = 7 + 7 + 1 = 14 + 1 = 15$.

In der Einführungssituation gehen wir von der Division einer Ausgangsmenge durch 2 aus. Eine der gleichen Teilmengen wird dann der Ausgangsmenge als die Hälfte zugeordnet. Die Operation des Verdoppelns wird dann durch die Handlung, dass einer Ausgangsmenge zwei Mengen, die jeweils dieselbe Anzahl wie die Ausgangsmenge haben, zugeordnet werden.

Abbildung 12

Wir benutzen, um den Kindern Schreibarbeit zu ersparen, die in Abb. 12 dargestellten Symbole. Die Pfeile deuten an, dass einer Zahl das Doppelte bzw. die Hälfte zugeordnet werden soll.

2.1.9 Ordnungszahlen

Man unterscheidet Kardinalzahlen und Ordinalzahlen (Ordnungszahlen):

- Kardinalzahlen geben die Anzahl einer Menge an.
- Ordinalzahlen bezeichnen die Stellung in einer Reihe.

Ordnungszahlen sind den Kindern bereits im Alltag begegnet. Sie benutzen Formulierungen wie „Ich bin Erster.“, „Das zweite Spiel habe ich gewonnen.“ Daran gilt es anzuknüpfen.
Bevor Ordnungszahlen zugewiesen werden, muss erst das Kriterium der Reihung geklärt werden. Man kann z. B. beim größten oder kleinsten Gegenstand beginnen. Allerdings gibt es auch bestimmte Abläufe, bei denen durch die zeitliche Reihenfolge die Ordnung der Einzelhandlungen vorgegeben ist.

2.2 Hinweise zu den Kopiervorlagen 1–22

Kopiervorlagen 1–22

Lernmöglichkeiten

- Den Aufbau von Zahlenstrahl, Zahlstreifen und Zahlenstreifen verstehen:
  Die Zahlen sind der Größe nach geordnet.
  Geht man einen Schritt in die Richtung der 0/20, kommt man zu einer um 1 kleineren/größeren Zahl.
  Jede Zahl (außer der Null) hat zwei Nachbarzahlen.
- Zahlen mit Hilfe von Zahlenstrahl und Zahlstreifen in zwei Summanden zerlegen.
- Mit den Zahlstreifen Minus- und Plus-Aufgaben am Zahlenstrahl legen:
  Geht man auf dem Zahlenstrahl eine bestimmte Anzahl von Schritten in die Richtung der 0/20, so subtrahiert/addiert man ebendiese Zahl.

Außerdem ist es für die Entwicklung mentaler Modelle äußerst wichtig, dass die Kinder zunehmend lernen, die beschriebenen Handlungen mental, d. h. in der Vorstellung, durchzuführen, ohne die beschriebenen Materialien vor Augen oder in der Hand zu haben.
Wichtig ist in diesem Zusammenhang auch, dass die Zahl 10 durch ein und die Zahl 20 durch zwei Zehnerbündel repräsentiert wird. Um dies zu verdeutlichen, kann man über die 10/20 eines Zahlenstrahls, der an der Wand oder an der Tafel befestigt ist, die Zeichnung eines/zweier geschlossener Eierkartons anbringen. Dies könnte das Öffnen bzw. Schließen der Eierkartons beim Überschreiten der 10 bzw. der 20 in Erinnerung rufen. Beide „Modelle“ würden in der Vorstellung dadurch miteinander verbunden.

2 Hinweise für den Unterricht – Kopiervorlagen 1-8

KV 1 *Overheadfolie*
Auf der Abbildung ist am vorderen Tisch die Entstehung des Zahlenstreifens als Teilung des Zwanzigerfeldes dargestellt. Im Gespräch muss dieser Zusammenhang und vor allem die Struktur des Zahlenstreifens verdeutlicht werden.

KV 2 *Materialblatt – Zwanzigerfeld, Zahlenstreifen*
Die Vorlagen werden auf Pappe kopiert. Die Zwanzigerfelder werden ausgeschnitten und laminiert; jeweils zwei Zahlenstreifenabschnitte werden zusammengeklebt und ebenfalls laminiert.

KV 3 *Arbeitsblatt*
Das abgebildete Material (Zwanzigerfeld, 20er-Zahlenstreifen, Plättchen) weist darauf hin, dass diese Hilfsmittel bei der Bearbeitung der folgenden Additions- und Subtraktionsaufgaben benutzt werden können.

Es ist sinnvoll, bei den Additionsaufgaben den ersten und den zweiten Summanden mit verschiedenfarbigem Material zu legen, z. B. Rechenplättchen mit der blauen und der roten Seite nach oben. Bei der Subtraktion können Subtrahend und Minuend ebenfalls verschiedenfarbig gelegt werden.
Beim Zahlenstreifen erscheint es sinnvoll, die Plättchen des Subtrahenden unter den Zahlenstrahl zu ziehen.

KV 4 *Overheadfolie, Merkblatt für die Arbeitsmappe*
Die obere Abbildung regt die Kinder an, sich eigene Erfahrungen beim Vergleichen von Strecken ins Gedächtnis zu rufen.
Es ist sinnvoll, die abgebildete Situation nachzuspielen. Dabei wird deutlich, dass ein Vergleich der Strecken durch Schritte wegen der unterschiedlichen Längen nicht möglich ist. Wahrscheinlich wird dann im Gespräch die Nutzung einer „festen Länge“, also eines Stabes, als sinnvoll angesehen.
Die untere Abbildung macht dies noch einmal deutlich.
Es ist durchaus sinnvoll, den Kindern eine Kopie als Merkblatt für ihre Arbeitsmappe zur Verfügung zu stellen.

Entscheidend ist, dass dem Startpunkt die Null (Es ist noch kein Schritt gemacht bzw. es wurde noch kein Stab gelegt.) und jedem Hütchen die Anzahl der Schritte bzw. der Stäbe zugeordnet wird. (Die 5 z. B. bedeutet, dass bis hierhin 5 Schritte gemacht bzw. 5 Stäbe gelegt wurden.)

KV 5 *Arbeitsblatt für die Gruppenarbeit, Overheadfolie*
Auf der Grundlage der Handlungserfahrung sollen die Zahlen ihren Platz an der Strecke von 0 bis 20 zugewiesen bekommen. Dabei sind insbesondere die Begründungen, die in der Gruppe diskutiert werden sollten, wichtig. Beispiel: Die 10 gehört in die Mitte, weil 10 Schritte gemacht wurden und noch 10 gemacht werden müssen. Die 5 liegt zwischen der 0 und der 10. usw.

KV 6 *Materialblatt – Zahlenstrahl*
Die Zahlenstrahlteile werden auf Pappe kopiert, ausgeschnitten, zusammengeklebt und laminiert.
Der Zahlenstrahl sollte den Kindern als Hilfsmittel zur Verfügung stehen.

KV 7 *Arbeitsblatt, Overheadfolie (oberer Teil), Merkblatt für die Arbeitsmappe*
Die Abbildung kann als Overheadfolie eingesetzt werden.
In die Tabellen des unteren Teils tragen die Kinder die Nachbareiner ein.
Der abgebildete Zahlenstrahl kann dabei eine Orientierungshilfe sein.

KV 8 *Overheadfolie*
Die beiden Abbildungen zeigen, wie Kinder mit Hilfe von Zahlenstreifen, Zahlenstrahl und Zahlstreifen eine Additions- und eine Subtraktionsaufgabe rechnen.
Die Besprechung der beiden Abbildungen zielt auf die Verknüpfung der bisher zur Verdeutlichung von Addition und Subtraktion genutzten Handlungsmuster mit der Repräsentation dieser Operationen durch Zahlenstrahl und Zahlstreifen.

Diese Medien sind auch im größeren Zahlenraum leicht handhabbar. Von daher erscheint es sinnvoll, diese Hilfsmittel schon jetzt verstärkt einzusetzen, da im Grunde jedes Veranschaulichungsmittel von den Kindern neu gelernt werden muss und eine zu große Zahl entsprechender Medien – besonders bei schwächeren Rechnern – zu Verwirrung und Unsicherheit führen könnte.

KV 9 *Materialblätter – Zahlstreifen*
KV 10 Die Zahlstreifen werden auf Pappe kopiert, laminiert und einzeln ausgeschnitten.
Für die Aufbewahrung eignet sich am besten eine übersichtliche Box.

Mit Hilfe von **Anhang 4.2** können ein Zahlenstrahl und Zahlstreifen für die Arbeit mit dem Overheadprojektor erstellt werden.

KV 11 *Arbeitsblätter, Overheadfolien (obere Teile)*
KV 12 Die Abbildung von **KV 11** aktualisiert die additive Zerlegung von Zahlen und hilft, sie auf den Zahlenraum bis 20 zu übertragen.
Die Abbildung von **KV 12** zeigt wiederum eine Zahlzerlegung.
Beim Legen der Aufgabe 6 + 7 ruft ein Kind „Stopp!" Dies bildet den Ausgangspunkt für Überlegungen, dass diese Aufgabe nicht mehr gelegt werden sollte, weil die gleichwertige Aufgabe 7 + 6 bereits gelegt wurde.
Der untere Teil enthält jeweils entsprechende Aufgaben.

Mit Hilfe von **Anhang 4.1** können Arbeitsblätter für entsprechende Zahlzerlegungen mit Plättchen erstellt werden.

KV 13 *Arbeitsblatt*
Das Blatt enthält Additionsaufgaben.
Wenn es erforderlich ist, können die Kinder Zahlenstrahl und Zahlstreifen als Hilfsmittel benutzen.

KV 14 *Overheadfolie, Merkblatt für die Arbeitsmappe*
Mit Hilfe der Abbildungen kann die Zuordnung „die Hälfte von" geklärt werden.
Diese Zuordnung sollte im Gespräch auf möglichst viele Lebenssituationen übertragen werden.

KV 15 *Arbeitsblatt, Overheadfolie (oberer Teil)*
Die dargestellte Handlung zeigt, dass es offensichtlich Zahlen gibt, die man nicht halbieren kann, die sog. ungeraden Zahlen.
An die Besprechung der Abbildung sollte sich am besten eine Experimentierphase anschließen: Mit Hilfe der Zahlstreifen können gerade und ungerade Zahlen identifiziert werden.
Im unteren Teil tragen die Kinder bei geraden Zahlen die Hälfte ein bzw. kreuzen bei ungeraden Zahlen das entsprechende Kästchen durch.

KV 16 *Overheadfolie, Merkblatt für die Arbeitsmappe*
Mit Hilfe der Abbildungen kann die Zuordnung „das Doppelte von" geklärt werden.
Auch diese Zuordnung sollte unbedingt auf Lebenssituationen übertragen werden.

KV 17 *Arbeitsblatt, Overheadfolie, Merkblatt für die Arbeitsmappe*
Die obere Abbildung verdeutlicht die Verdoppelung der Zahlen mit Hilfe des Zahlenstrahls.
Die Kinder tragen die Ergebnisse in die entsprechenden Felder ein.
Mit Hilfe der unteren Abbildung werden die Symbole der Zuordnung („die Hälfte von" und „das Doppelte von") eingeführt.

KV 18 *Arbeitsblatt*
Hier finden sich folgende Aufgabenstellungen:
- Einer Zahl wird das Doppelte/die Hälfte zugeordnet.
- Es wird die Zahl gesucht, deren Hälfte/Doppeltes bekannt ist.

Mit Hilfe von **Anhang 4.3** und **4.4** können Zahlen-, Rechenzeichen- und Symbolkärtchen erstellt werden.
Die Kinder können hiermit Zahlen bzw. Summen legen, wobei die Größer-, Kleiner- und Gleichzeichen benutzt werden: Beispiel: 5 + 6 > 10.

KV 19 *Overheadfolie*
Die Abbildung knüpft an Spielerfahrungen der Kinder an. Zunächst vergleichen sie die Gesamtzahl der von den einzelnen Kindern gewürfelten Augen miteinander. Beispiel: „Marie hat mehr gewürfelt als Thomas."
In diesem Zusammenhang kann die entsprechende Schreibweise der Aussagen eingeführt werden: „>", „<".

KV 20 *Arbeitsblatt, Overheadfolie (oberer Teil)*
Die Abbildung regt an, über die Einsetzung der richtigen Zeichen zu sprechen.
(Die Begründung dieser Zuordnung ist zur Klärung des mathematischen Zusammenhangs sehr wichtig.)
Der untere Teil enthält Aufgaben zum Einsetzen der Größer-, Kleiner- und Gleichzeichen.

KV 21 *Overheadfolie*
In der Bilderfolge ist eine den Kindern bekannte Situation dargestellt: Kinder, die zunächst auf dem Schulhof spielen, hängen ihre Kleidung am Ende der Pause an die Kleiderhaken.
Bei der Zuordnung der einzelnen Kleidungsstücke zu den Kindern werden die Ordnungszahlen benutzt. Beispiel: „Evas Pulli hängt am 12. Haken."
Dadurch wird das Vorwissen der Kinder aufgegriffen und systematisiert.
Es ist durchaus sinnvoll, die Situation in der jeweiligen Klasse zu konkretisieren, indem die Garderobenhaken nummeriert werden. Kinder können sich dann merken, an welchem Haken das jeweilige Kleidungsstück hängt. Man kann thematisieren, ob das Kleidungsstück eines bestimmten Kindes rechts oder links neben dem eigenen oder auch eine bestimmte Anzahl weiter rechts oder links davon hängt.

KV 22 *Arbeitsblatt*
Die Kinder ordnen den Gegenständen/Abläufen die entsprechenden Ordnungszahlen zu.
Dabei ist es wesentlich, dass die Zuordnung sachlich sinnvoll begründet wird.

2.3 Addition und Subtraktion – Rechenstrategien

Viele Kinder halten lange an der Strategie des zählenden Rechnens fest. Sobald aber mit größeren Zahlen gerechnet wird, ist das Kurzzeitgedächtnis überfordert, es kommt zu Fehlleistungen. *„Zerlegungstechniken, operative Beziehungen, Analogien u. a. sind nicht erkannt bzw. aufgenommen worden, so dass auch Verdoppeln und Halbieren oder das Anwenden von Umkehroperationen große Schwierigkeiten bereiten. Dekadische Analogien werden kaum genutzt."* [2]
Darum soll beim Rechnen im Zahlenraum von 0 bis 20 ein erstes Verständnis für unterschiedliche Strategien angebahnt werden.

[2] Lorenz, Jens-Holger/Radatz, Hendrik: Handbuch des Förderns im Mathematikunterricht, Hannover 1993, Seite 116 f.

2.3.1 Strategien bei der Addition

Die wichtigsten Strategien, die Kinder bei der Ausführung der Addition in der ersten Klasse benutzen und einsehen können, sollen im Folgenden erläutert werden:

Zählendes Rechnen

Beispiel: 9 + 3 = □
Es wird entweder zunächst bis zur 9 und dann um 3 weiter gezählt. Oder man beginnt bei der 9 und zählt um 3 weiter: „10, 11, 12."
Häufige Fehlerquelle dabei ist, dass die 9 noch mitgezählt wird: „9, 10, 11", was zu einem falschen Ergebnis führt.

Tauschaufgaben

Beispiel: 2 + 8 = □ wird gerechnet, bzw. aus dem Gedächtnis abgerufen als Tauschaufgabe 8 + 2 = □.

Nachbaraufgaben

Das Distributivgesetz der Addition führt zu den sog. Nachbaraufgaben:
$a + (b + c) = (a + b) + c$. Daraus folgt, dass z. B. die Aufgabe 7 + 6 = □ mit Hilfe der folgenden Rechnung gelöst werden kann: 6 + 6 + 1.
Der Zusammenhang der Nachbaraufgaben lässt sich so darstellen (s. Abb. 13):

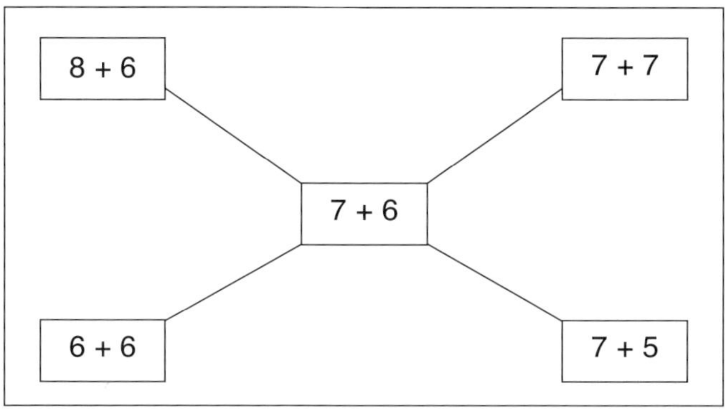

Abbildung 13

Die Aufgaben der oberen und der unteren Zeile haben bei dieser Anordnung jeweils dasselbe Ergebnis, weil in der oberen Zeile die Summe jeweils um 1 erhöht und in der unteren um 1 erniedrigt wird. Auf KV 23 und KV 24 wird diese Anordnung gewählt, sie ist durch die Angabe der Ergebnisse der Tauschaufgaben festgelegt. Natürlich wäre es auch denkbar, dass die Aufgaben mit demselben Ergebnis die jeweils untereinander stehenden Tauschaufgaben wären.
Für die Bestimmung des Wertes des Terms „7 + 6“ sind in erster Linie wahrscheinlich die Terme „6 + 6“ und „7 + 7“ hilfreich, weil der Wert jeweils das Doppelte eines Summanden ist.

Rechnen bis zum Zehner

Beispiel: 7 + 8 = 7 + 3 + 5
Der zweite Summand wird additiv aufgegliedert, so dass der erste Teilsummand der Differenz von 10 minus erstem Summanden (im Beispiel: 10 – 7 = 3) entspricht. Dies könnte von der Vorstellung bestimmt sein, dass man zunächst auf dem Zahlenstrahl bis zur 10 geht, um dann erst die weiteren Schritte anzuschließen. Mit Hilfe des Zahlenstrahls und der Zahlstreifen kann dies verdeutlicht werden (s. Abb. 14).

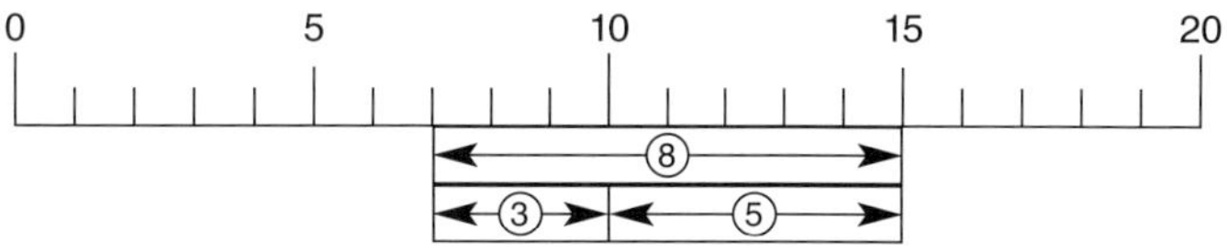

Abbildung 14

Verdoppelung von Zahlen nutzen

Beispiel: 6 + 8 = 6 + 6 + 2

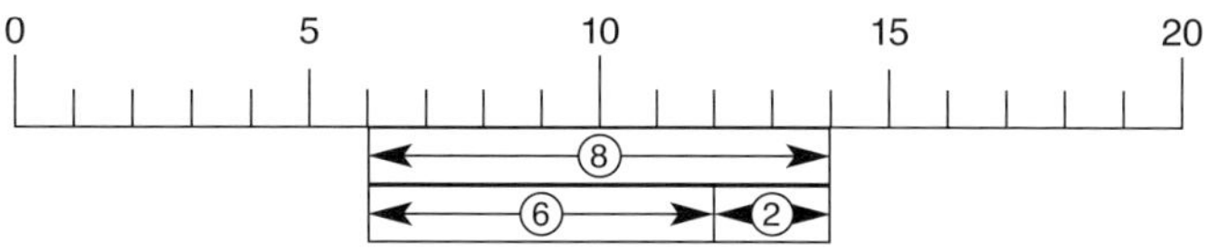

Abbildung 15

Gegensinniges Verändern der Summanden

Beipiel: 8 + 7 = 10 + 5
Am Zahlenstrahl wird deutlich: Wenn man den ersten Summanden um 2 erhöht, muss der zweite um denselben Betrag erniedrigt werden (s. Abb. 16).

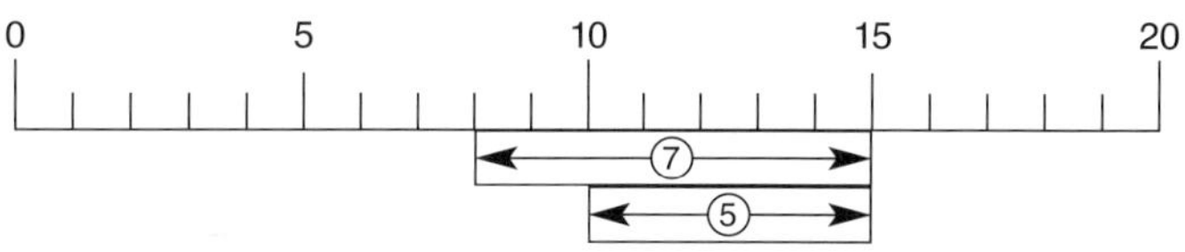

Abbildung 16

2.3.2 Strategien bei der Subtraktion

Rechnen bis zum Zehner

Beispiel: 15 – 8 = 15 – 5 – 3

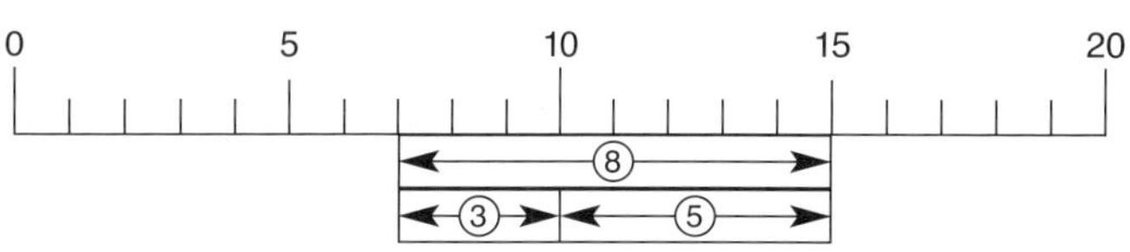

Abbildung 17

Gleichsinniges Verändern

Beispiel: 13 – 8 = 10 – 5

Auch diese Strategie lässt sich am Zahlenstrahl verdeutlichen (s. Abb. 18).

Man erkennt deutlich, dass bei Reduzierung des Minuenden der Subtrahend um denselben Betrag reduziert werden muss.

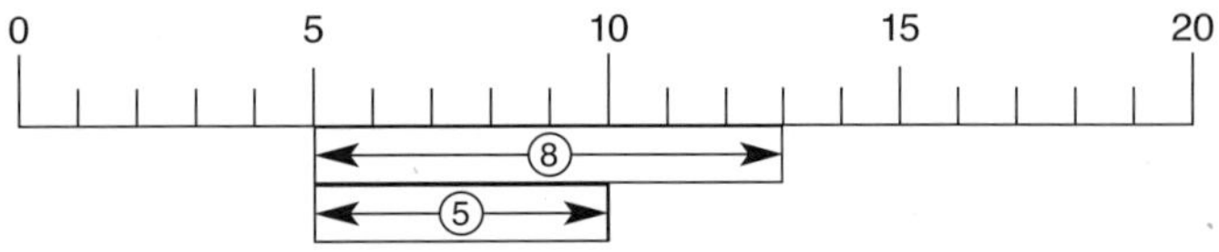

Abbildung 18

2.3.3 Anwendung dieser Strategien

Wichtig ist, dass die genannten Strategien nicht als formale und vielleicht unverstandene Lösungsalgorithmen mit den Schülerinnen und Schülern eingeübt werden. Grundlage für die Anwendung muss stets die Einsicht in die mathematischen Zusammenhänge sein.
Es wird Kindern schwer fallen, die entsprechenden Begründungen zu formulieren. Wie die Abbildungen zeigen, können Zahlenstrahl und Zahlstreifen eine hervorragende Kommunikationshilfe sein.
Denkbar ist auch, dass die Kinder ihre Rechnung durch „Gehen auf dem Zahlenstrahl" verdeutlichen.

Beispiel:
Gleichsinniges Verändern bei der Subtraktion:
$13 - 8 = 10 - 5$
„Von der 13 gehe ich 3 Schritte bis zur 10. Weil ich aber schon 3 Schritte zur Null hin gegangen bin, darf ich nun nur noch 5 Schritte gehen."
Natürlich würde auch eine entsprechende Zeichnung genügen (s. Abb. 19).
Denkbar ist auch, dass jeweils die einzelnen Schritte eingetragen werden.

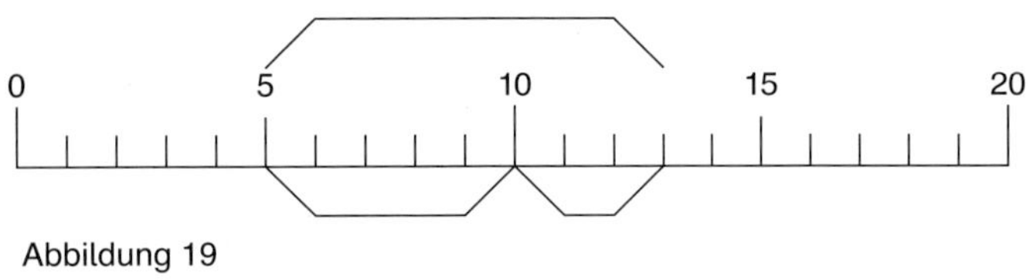

Abbildung 19

2.3.4 Operatorschreibweise

Die Aufgabe $5 + 6 = x$ kann auch mit Hilfe des sog. Operators geschrieben werden (s. Abb. 20a). Dabei handelt es sich im Grunde um eine Zuordnung: Einer Ausgangszahl (im Beispiel 5) wird eine um einen bestimmten Betrag größere bzw. kleinere (im Beispiel eine um 6 größere) Zahl mit einem Pfeil zugeordnet.

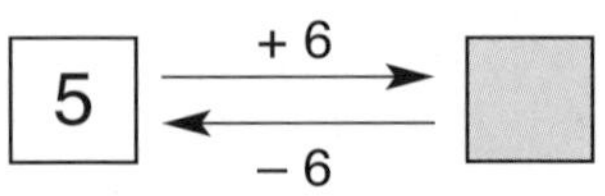

Abbildung 20a

Der „Gegenpfeil" repräsentiert die umgekehrte Zuordnung, also im Grunde die Umkehraufgabe.

Diese Schreibweise wird oft als „Maschine" eingeführt: Gibt man z. B. in eine „+ 6 -Maschine" die Zahl 5 ein, so wird die Zahl 11 ausgegeben. Die „Umkehrmaschine" repräsentiert dann die Umkehraufgabe. Denkbar ist allerdings auch, dass der Operator einfach als andere Schreibweise des üblichen Terms eingeführt wird.

Zahlenrätsel lassen sich mit dieser Schreibweise gut mathematisch erfassen.

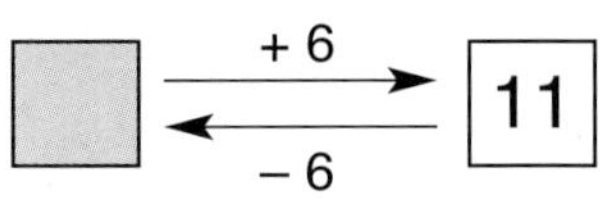

Abbildung 20b

Beispiel (s. Abb. 20b): „Ich denke mir eine Zahl und addiere 6. Ich erhalte 11." Die gedachte Zahl wird durch eine Leerstelle dargestellt. Die Operation wird durch den „+ 6 -Operator" repräsentiert. Der Umkehroperator symbolisiert die zur Berechnung der gesuchten Zahl erforderliche Aufgabe.
Selbstverständlich können auch mehrgliederige Zahlenrätsel entwickelt werden. Die sprachliche Formulierung dieser Zahlenrätsel ist sehr anspruchsvoll. Eine Bildfolge, in der Kinderköpfe mit entsprechenden Denk- bzw. Sprechblasen dargestellt sind, kann eine Formulierungshilfe sein. Sie kann aber auch für verbal weniger gewandte Kinder die Verbalisierung vollständig ersetzen (s. KV 37).

2.4 Hinweise zu den Kopiervorlagen 23–38

Kopiervorlagen 23–38

Lernmöglichkeiten

▷ Verstehen, dass es unterschiedliche Lösungswege beim Addieren und Subtrahieren gibt.
▷ Die Lösung der Aufgaben erklären können.
▷ Selbst entscheiden können, wie gerechnet werden soll.
▷ Überlegen, welche Lösungsstrategie jeweils sinnvoll ist.
▷ Plus- und Minus-Aufgaben mit Operatorpfeilen darstellen.

KV 23 *Arbeitsblatt, Overheadfolie (oberer Teil)*
Die Abbildung soll die Kinder anregen, darüber nachzudenken, welche der Aufgabenkarten wohl zu der in der Mitte stehenden Aufgabe passen.
Hierbei wird der Begriff **Nachbaraufgaben** eingeführt.
Abschließend sollte noch geklärt werden, welche der Aufgabenkarten (Nachbaraufgaben) bei der Lösung der Ausgangsaufgabe hilfreich sind.
Im unteren Teil wählen die Kinder die passenden Nachbaraufgaben aus und setzen sie an entsprechender Stelle ein (Anordnung, s. S. 15, Abb. 13).

Mit Hilfe von **Anhang 4.8** kann ein Spiel zum Thema Nachbaraufgaben erstellt werden. Die Spielmöglichkeiten sind im **Anhang 4.7** zusammengestellt.

KV 24 *Arbeitsblätter*
KV 25 Zunächst tragen die Kinder zu jeder Aufgabe die **Nachbaraufgaben** ein. Anschließend wird das Ergebnis berechnet und in die links stehende Aufgabe eingetragen.
Die Kinder sollten nun entscheiden, welche von den Nachbaraufgaben ihnen bei der Lösung geholfen hat. Diese wird dann farbig ausgemalt.
Wichtig ist, dass die Begründung der Auswahl verbalisiert und gemeinsam reflektiert wird.
Mit Hilfe von **KV 25** können weitere Arbeitsblätter erstellt werden.

KV 26 *Arbeitsblatt, Overheadfolie (oberer Teil)*
Die Abbildung verdeutlicht, dass auch das Wissen um das Doppelte von Zahlen bei der Berechnung von Summen helfen kann.
Die Kinder lösen die Aufgaben mit Hilfe der **Verdoppelungsaufgaben**. Sie tragen die entsprechenden Aufgaben in die Kästen ein.

KV 27 *Arbeitsblatt, Overheadfolie (oberer Teil)*
Die Abbildung greift das sog. „Normalverfahren“ des Zehnerübergangs auf, bei der der 2. Summand aufgegliedert wird (s. S. 15, Abb. 14).
Der untere Teil enthält entsprechende Übungsaufgaben. Die Kinder tragen die **additive Aufgliederung** des 2. Summanden jeweils in die Kästen ein.

KV 28 *Materialblatt – Spielplan „Hüpf zur 10!“ (I)*
Material „Hüpf zur 10!“: 1 Spielplan, 1 9er-Würfel, je Spieler 1 Spielfigur, Stift
Spielerzahl: ca. 4
Spielregeln:
1. Die Spieler stellen ihre Spielfiguren an den Start.
2. Wer die höchste Zahl würfelt, beginnt. Es wird reihum gewürfelt.
3. Die Spieler setzen ihre Spielfigur entsprechend der gewürfelten Augenzahl.
(Beispiel: Es wurde eine 4 gewürfelt. Die Spielfigur wird auf das Feld mit der 4 gesetzt.)
4. Der Spieler trägt nun die entsprechende Zahl (4) in die linke Spalte der Tabelle ein.

5. Der Spieler zählt oder berechnet die Schritte (von der 4) bis zur 10 und trägt diese Zahl (6) und die 10 in die beiden nächsten Spalten ein.
6. Zum Schluss trägt der Spieler die vollständige Aufgabe (4 + 6 = 10) in die letze Spalte ein.

! Bei diesem Spiel gibt es keinen Gewinner und keinen Verlierer.

KV 29 *Arbeitsblatt, Overheadfolie (oberer Teil)*
Die Abbildung verdeutlicht die Zehnerüberschreitung bei der Subtraktion.
Bei der Bearbeitung der Aufgaben schreiben die Kinder am besten zunächst die entsprechende Differenz mit Aufgliederung des Subtrahenden auf. Anschließend tragen sie das Ergebnis in die Kästen ein.

KV 30 *Materialblatt – Spielplan „Hüpf zur 10!" (II)*
Material „Hüpf zur 10!": 1 9er-Würfel, 1 Spielplan, je Spieler 1 Spielfigur, Stift
Spielerzahl: ca. 4
Spielregeln:
Siehe Spielregeln **KV 28**, aber die Spielfiguren werden hierbei zu Beginn des Spiels auf das **Feld mit der 20** gestellt.
Die Spieler setzen ihre Spielfigur entsprechend der gewürfelten Augenzahl in **Richtung 10** (Beispiel: Wurde eine 3 gewürfelt, wird die Spielfigur auf die 17 gesetzt. Nun werden die Schritte bis zur 10 gezählt bzw. auch berechnet und aufgeschrieben.)

KV 31 *Arbeitsblatt, Overhedfolie (oberer Teil)*
Die Kinder erkennen, dass die Aufgabenfolge in der Abbildung so gestaltet ist, dass das Ergebnis immer gleich ist.
Diese **gleichsinnige Veränderung** wird im Zusammenhang mit den Ergebnissen der darüber und darunter stehenden Aufgaben thematisiert.
Die Kinder vervollständigen zunächst das „Päckchen", das rechts neben der Abbildung steht.
Die nachfolgenden Aufgaben ermöglichen eine erste Anwendung des Gelernten.

KV 32 *Arbeitsblatt, Overheadfolie (oberer Teil)*
Die Abbildung verdeutlicht die Strategie des **gleichsinnigen Veränderns** von Subtraktionstermen:
Der Term wird im Beispiel so verändert, dass entweder der Minuend oder der Subtrahend gleich 10 ist.
Die Aufgabe wird so auf eine wahrscheinlich gedächtnismäßig verfügbare Aufgabe zurückgeführt.
Die Kinder lösen die Aufgaben; sie schreiben die möglichen „Hilfsaufgaben" als Begründung der gewählten Strategie dazu.

KV 33 *Arbeitsblatt, Overheadfolie (oberer Teil)*
Die Abbildung verdeutlicht, dass **gegensinniges Verändern** der Summanden zu „Päckchen" mit stets gleichem Ergebnis führt.
Nachdem der strukturelle Zusammenhang geklärt ist, vervollständigen die Kinder das „Päckchen" rechts neben der Abbildung.
Die weiteren Aufgaben stellen eine erste Anwendung dar.

KV 34 *Arbeitsblatt, Overheadfolie (oberer Teil)*
Die Abbildung verdeutlicht die Anwendung der Strategie des **gegensinnigen Veränderns** eines Terms zur Lösung von Additionsaufgaben.
Der mathematische Zusammenhang sollte eingehend – evtl. mit Materialhilfe – geklärt werden.
Die Kinder lösen die Aufgaben; sie schreiben die entsprechenden „Hilfsaufgaben" dazu.

KV 35 *Arbeitsblätter, Overheadfolie (oberer Teil)*
KV 36 Mit Hilfe der Abbildung von **KV 35** wird die **Operatorschreibweise** geklärt.
Bei den nachfolgenden Übungen tragen die Kinder die Ergebnis- oder Ausgangszahlen bzw. den Operator ein.
Die Abbildung auf **KV 36** verdeutlicht den Zusammenhang von Operator und Gegenoperator.
Bei den Aufgaben 1–3 tragen die Kinder jeweils den Gegenoperator und die Ergebniszahl ein.

Bei den Aufgaben 4–6 müssen sie zunächst den Gegenoperator eintragen, um die Ausgangszahl berechnen zu können.
Mit Hilfe von **Anhang 4.5** und **4.6** können Operatorpfeil-Karten für die Addition und Subtraktion erstellt werden.

KV 37 *Arbeitsblatt, Overheadfolie (oberer Teil)*
Zunächst wird die Bilderfolge zur **Operatorschreibweise** als Zahlenrätsel gedeutet und versprachlicht.
Wenn die Kinder erkannt haben, dass das graue Quadrat für die unbekannte Zahl steht, kann der Operatorpfeil (+ 5) vervollständigt werden. Der Umkehroperator hilft, die „gedachte Zahl" zu ermitteln.
In Partner- oder auch Einzelarbeit können die Aufgaben als erste vertiefende Übung bearbeitet werden.

KV 38 *Materialblatt – Zahlenrätsel-Karten*
Die Karten werden auf Pappe kopiert, laminiert und ausgeschnitten. Mit ihrer Hilfe können nun Zahlenrätsel entwickelt und verbalisiert werden.
Das **graue** Quadrat stellt jeweils die Leerstelle für die gesuchte Zahl dar, das **weiße** die Leerstelle für die vorgegebene Zahl.

2.5 Das haben wir gelernt – Aufgaben zur Wiederholung und Vertiefung

Bei den nachfolgenden Aufgaben sollen die Kinder bereits erworbenes Wissen in anderen Zusammenhängen anwenden. Durch eine entsprechende Vernetzung lässt sich ein vertieftes Verständnis erreichen:

- Die Größer-Kleiner-Gleich-Relation wird mit dem leeren Zahlenstrahl verbunden.
- Die verschiedenen Lösungsstrategien werden am leeren Zahlenstrahl dokumentiert; der leere Zahlenstrahl wird so gleichsam zum Kommunikationsmedium.
- Am Additionsquadrat werden Addition und Subtraktion erneut geübt.
- Ordinalzahlen werden mit der Beschreibung von Raum-Lage-Beziehungen verbunden.
- Aus einer gegebenen Zahlenmenge werden Zahlenpaare herausgesucht, die der Zuordnungsvorschrift „das Doppelte/die Hälfte von" entsprechen.
- Vorgegebene Zahlen werden in Zahlenmauern eingeordnet.

Die Struktur des Additionsquadrates ergibt sich aus Abb. 21.

+	a	b
c	a+c	b+c
d	a+d	b+d

Abbildung 21

2.6 Hinweise zu den Kopiervorlagen 39–48

Kopiervorlagen 39–48

Lernmöglichkeiten

- ▷ Größere und kleinere Zahlen auf dem Zahlenstrahl so positionieren, dass die größere Zahl in einem möglichst angemessenen geschätzten Abstand rechts von der kleineren steht.
- ▷ Sich die Lösungsstrategien bewusst machen und am leeren Zahlenstrahl durch Pfeile dokumentieren.
- ▷ Additionen und Subtraktionen entsprechend der Struktur des Additionsquadrates ausführen, um fehlende Zahlen zu berechnen.
- ▷ Aus einer vorgegebenen Zahlenmenge Zahlenpaare heraussuchen, für welche die Zuordnung „das Doppelte/die Hälfte von“ gilt.
- ▷ Vorgegebene Zahlen richtig in einer Zahlenmauer anordnen.

KV 39 *Arbeitsblätter, Overheadfolie (oberer Teil)*
KV 40 Die Abbildung von **KV 39** zeigt eine Aufgabe mit der dazugehörigen Schülerlösung. Die Kinder werden dadurch aufgefordert, die folgenden Aufgaben entsprechend zu bearbeiten.
Die Aufgabe besteht jeweils aus dem Errechnen der Additions- bzw. Subtraktionsaufgaben, dem Eintragen der Zahlen auf dem leeren Zahlenstrahl und dem Einsetzen des Größer-/Kleiner-/Gleichzeichens, wobei die Kinder entscheiden können, wie sie dabei vorgehen.
Mit Hilfe von **KV 40** können weitere Arbeitsblätter erstellt werden.

Sowohl die Anordnung der Zahlen auf dem leeren Zahlenstrahl als auch das Einsetzen der Zeichen (< oder >) lässt Rückschlüsse über die diesbezüglichen Kenntnisse zu.

KV 41 *Arbeitsblätter*
KV 42 **KV 41:** Mit den grafischen Darstellungen wird das Verfahren der Dokumentation eines Lösungsweges
KV 43 mit Hilfe des leeren Zahlenstrahls verdeutlicht:
- ▷ Oben sind jeweils die Aufgabe und die Dokumentation des Lösungsweges am leeren Zahlenstrahl vorgegeben; die Kinder tragen das Ergebnis ein.
- ▷ Bei den Aufgaben in der Mitte schreiben die Kinder den in der Grafik dargestellten Lösungsweg auf.

Bei den folgenden Aufgaben von **KV 41** und **KV 42** sollen sich die Kinder zunächst für einen Lösungsweg entscheiden, ihn dokumentieren und das jeweilige Ergebnis in die Leerstelle eintragen.
Mit Hilfe von **KV 43** können weitere Arbeitsblätter erstellt werden.

Eine Reflexion der unterschiedlichen Lösungswege ist sehr wichtig; das Nachvollziehen der Rechenschritte mit Hilfe des Zahlenstrahls trägt zur Entwicklung einer klareren Vorstellung des Zahlenraumes bis 20 bei.

Die Endpunkte des Zahlenstrahls sind bewusst nicht eingetragen worden, damit genügend Platz für die Darstellung des Lösungsweges zur Verfügung steht.
Falls Kinder diese Art der Dokumentation eines Lösungsweges noch nicht verstehen, ist es hilfreich, die entsprechenden Schritte an einem konkreten Zahlenstrahl zu zeigen.

KV 44 *Arbeitsblätter*
KV 45 **KV 44:** Die Kinder erkennen aus der grafischen Darstellung des ersten Additionsquadrates die mathematische Struktur (s. S. 19, Abb. 21). Es kann hilfreich sein, wenn die Kinder die Handlung mit Hilfe von konkretem Material (Additionsquadrat und Rechenplättchen) nachvollziehen.
Mit Hilfe von **KV 45** können weitere Arbeitsblätter erstellt werden.

KV 46 *Arbeitsblatt*

Die vier Abbildungen zeigen auf einer Spielerbank sitzende Basketballspieler. Sie werden beim Spielstand von 0:0 und 20:17 jeweils von vorn und von hinten betrachtet. Die Spielernummern auf der Brust sind jeweils deutlich zu erkennen, die auf dem Rücken stehenden sollen von den Kindern eingetragen werden.
Bei der ersten Situation sitzen die Spieler so, dass die Nummern von links nach rechts gleichmäßig ansteigen. Bevor die Kinder die Nummer in das Feld auf dem Rücken der Spieler eintragen, müssen sie sich den Perspektivwechsel räumlich vorstellen: Der Spieler mit der Nummer 8 sitzt nun rechts außen.
Bei der zweiten Situation müssen, um die Spielernummern richtig eintragen zu können, die Raumlagebeziehungen noch genauer beachtet werden.

! Es ist im Sinne der Schulung des Raumvorstellungsvermögens sinnvoll, wenn in der Klasse ähnliche Situationen nachgespielt werden. Die Nummern können auf Pappschildern, die Kinder auf dem Rücken bzw. auf der Brust tragen, stehen bzw. dort eingetragen werden.

KV 47 *Arbeitsblatt*

Bei diesen Aufgaben steht nicht das Halbieren bzw. Verdoppeln im Vordergrund, sondern das Heraussuchen von Zahlenpaaren, die dieser Zuordnung entsprechen.
Die Kinder tragen die entsprechenden Zahlen in die Kästen auf der rechten Seite ein.

KV 48 *Arbeitsblatt*

Die Kinder sollen die vorgegebenen Zahlen in die Zahlenmauern einsetzen.
Das setzt das Wissen um deren strukturellen Aufbau voraus.
Dies gilt insbesondere für die letzten beiden Aufgaben, bei denen jeweils zusätzlich zwei Zahlen, die nicht zur Zahlenmauer gehören, angegeben sind.

2.7 Rechnen mit Geld

Die Erfahrungen, die die Kinder im Alltag im Umgang mit Geld machen, sollen aufgegriffen und systematisiert werden.
Spielgeld ist dabei ein unverzichtbares Arbeitsmittel, insbesondere dann, wenn unterschiedliche Geldbeträge gelegt werden.
Auf dieser Grundlage wird das Rechnen mit Geld auch in die Sachaufgaben mit einbezogen.

2.8 Sachrechnen

2.8.1 Vorbemerkung

Die **Bergedorfer Grundschulpraxis: Mathematik, 1. Klasse, Band 1** enthält Sachsituationen, die durch eine Bilderfolge in ihrem gesamten Ablauf dargestellt sind. Aufgabe der Kinder war es im 1. Halbjahr, diesen Situationen die entsprechenden mathematischen Operationen zuzuordnen.
Da der gesamte Handlungsablauf dargestellt wurde, war es nicht erforderlich, einen unbekannten Wert zu berechnen.

Im Folgenden soll bei der Bearbeitung der Sachaufgaben die Einübung der Strategie der Mathematisierung im Vordergrund stehen; gleichzeitig soll die Berechnung eines fehlenden Wertes thematisiert werden.

2.8.2 Abstraktion von der Realität zur mathematischen Gleichung

Anhand des „Schichtenbildes“ (s. Abb. 22) lässt sich dieser Sachverhalt verdeutlichen:

- ▷ Zunächst müssen die entsprechenden Mengen gebildet werden. Dabei handelt es sich im Beispiel um die Menge der Kinder, die im Sandkasten sitzen, und die Menge der Kinder, die hinzukommen bzw. noch neben dem Sandkasten stehen.
- ▷ Da die Kinder sich dann gemeinsam im Sandkasten befinden werden, wird aus beiden Mengen eine gebildet. Mathematisch spricht man von der Bildung der Vereinigungsmenge.
- ▷ Da es bei diesen Mengen nun lediglich auf die Anzahlen ankommt, können sie in einem ersten Abstraktionsschritt auch durch Plättchen oder Kreise repräsentiert werden (Schicht der Mengen).
- ▷ In der symbolischen Repräsentation der mathematischen Gleichung (Schicht der Zahlen) wird ausgedrückt, dass die Anzahl der Vereinigungsmenge (7) sich zusammensetzt aus den Anzahlen der ursprünglichen Mengen (3 und 4).

Zahlen	3 + 4 = 7
Mengen	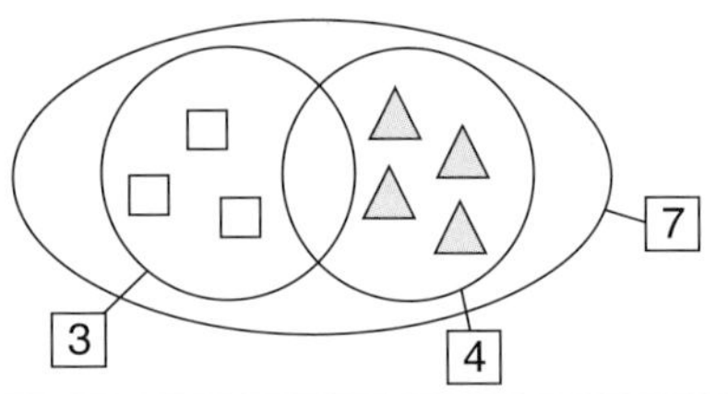
Reale Situation	

Abbildung 22

Diesen Abstraktionsprozess können die Kinder nachvollziehen, indem sie die beiden Mengen durch die jeweilige Anzahl von Plättchen repräsentieren, diese Plättchen zusammenschieben und damit im Grunde die Vereinigungsmenge bilden und diesem konkreten Tun die entsprechende Gleichung zuordnen. Sie haben dadurch die Sachsituation mathematisiert. Die Kinder nennen diesen Prozess „die Aufgabe nachspielen“.

2.8.3 Repräsentation der mathematischen Gleichung in der Realität

Das Schichtenbild kann auch von oben nach unten gedeutet werden (Repräsentation):

- ▷ Die der mathematischen Gleichung entsprechenden Mengen werden mit Hilfe von Plättchen gelegt.
- ▷ Anschließend werden Sachsituationen erfunden, die von der Mengendarstellung repräsentiert werden könnten.

2.8.4 Operatorschreibweise

Bei der bildhaften Darstellung einer Handlungssituation werden der Anfangs- bzw. der Endzustand und die Veränderung der Situation dargestellt, wobei letzte eigentlich den Hinweis auf die mathematische Operation enthält. Da dies grafisch sehr schwer darzustellen ist, erscheint die Darstellung von Abb. 23 für Kinder einer ersten Klasse, die sicher noch keine langen Texte lesen können, sinnvoll:

- ▷ Ausgangs- und Endsituation werden grafisch dargestellt.
- ▷ In der Zeile darunter werden die jeweiligen Anzahlen angegeben, dazwischen wird die mathematische Operation mit Hilfe der Operatordarstellung repräsentiert.

4 —— +5 ——► 9

Abbildung 23

- ▷ Nun ist es möglich, mit Hilfe der jeweils anderen beiden Größen sowohl den Anfangs- oder Endzustand als auch den Operator zu bestimmen.
- ▷ Entscheidend ist dabei, dass die Kinder den jeweiligen Vorgang der Lebenswirklichkeit genau beschreiben. Denn dadurch verknüpfen sie die mathematische Gleichung begründet mit der Lebenswirklichkeit. Oder anders: Sie vollziehen jeweils am konkreten Beispiel die Mathematisierung einer Sachsituation nach.
- ▷ Langfristig gesehen üben sie eine sinnvolle Strategie: Sie lösen eine evtl. statische Situation in einen Handlungsablauf auf und können dann die-

sem Vorgang die entsprechenden Mengenoperationen und die entsprechende mathematische Gleichung zuordnen.

2.8.5 Darstellung der Situation durch eine Abbildung

Eine weitere Reduzierung der Hilfestellung bei der Mathematisierung von Sachsituationen besteht darin, dass die Situation lediglich in **einer** Abbildung dargestellt wird.
Im Bereich Sachaufgaben, die eine Addition bzw. Subtraktion verlangen, geht es immer darum, zunächst die Ausgangsmenge zu identifizieren und anschließend die Menge festzulegen, die eine Veränderung dieser Ausgangsmenge nach sich zieht, und um welche Veränderung es sich handelt. Wenn es erforderlich sein sollte, kann dieser Vorgang mit Hilfe von Material nachgespielt werden, bevor ihm die mathematische Operation zugeordnet wird.

Das in Abb. 24 dargestellte Beispiel zeigt aber, dass eine so dargestellte Situation auch unterschiedlich interpretiert werden kann. Hier könnten die neben dem Dosenturm liegenden Dosen gedeutet werden als „heruntergefallene" (Subtraktion) oder als „noch auf den Turm zu legende" (Addition).

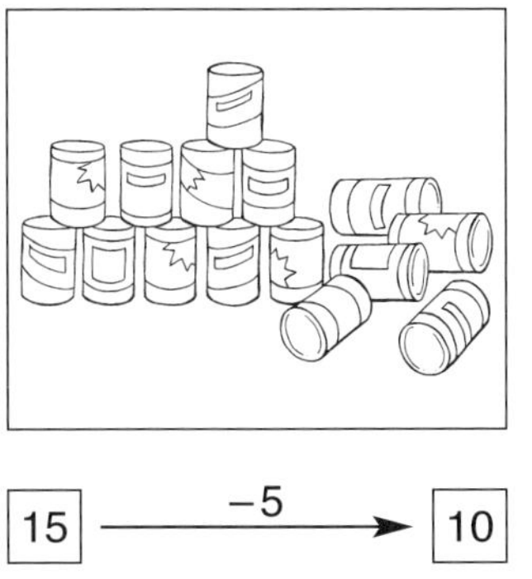

Abbildung 24

2.9 Hinweise zu den Kopiervorlagen 49–62

Kopiervorlagen 49–62

Lernmöglichkeiten

- Euromünzen und -scheine identifizieren.
- Den Geldwert mehrerer Münzen berechnen.
- Vorgegebene Geldwerte mit unterschiedlichen Münzen und Scheinen legen.
- Eine Sachsituation unter dem Aspekt der „Mengenbildung" analysieren.
- Einer Sachsituation begründet eine mathematische Gleichung zuordnen.
- Die oben beschriebene Strategie der mathematischen Modellbildung anwenden.

KV 49 *Arbeitsblatt*
Die Kinder schreiben zu den Abbildungen der Geldscheine und Münzen jeweils den entsprechenden Wert.

KV 50 *Arbeitsblatt*
Die Kinder berechnen den Gesamtwert der Geldstücke, die sich in jedem Sparschwein befinden, und schreiben ihn auf.

KV 51 *Arbeitsblatt*
Die Kinder zeichnen die vorgegebenen Geldwerte als Scheine und Münzen in die abgebildeten Geldbörsen ein.

KV 52 *Arbeitsblätter*
KV 53 Die Kinder legen die vorgegebenen Geldwerte mit verschiedenen Spielgeld-Münzen und tragen anschließend ihre Lösungen ein.
Auf **KV 52** ist die Anzahl der Münzen freigestellt, auf **KV 53** ist sie vorgegeben.

KV 54 *Overheadfolie, Merkblatt für die Arbeitsmappe*
Mit Hilfe der Abbildungen kann die Operatorschreibweise bei der Bearbeitung von Sachaufgaben eingeführt werden.
Es empfiehlt sich, das Blatt den Kindern zur Verfügung zu stellen, damit die Verbindung zwischen der bisher benutzten Darstellung der Sachsituation (drei Abbildungen) und der Operatordarstellung bei Bedarf stets aktualisiert werden kann.

KV 55
KV 56
KV 57 *Arbeitsblätter*
Mit Hilfe dieser Aufgaben können die Kinder die Operatordarstellung im Zusammenhang mit Sachsituationen einüben.
Bei den ersten beiden Aufgaben auf **KV 55** werden sowohl der Operator als auch die Anzahlen der Ausgangsmenge und der durch die Operation entstandenen Menge eingetragen.
Bei den weiteren Aufgaben ist der Operator vorgegeben, die jeweils fehlende Menge wird in das entsprechende Feld eingezeichet; die Anzahlen der Mengen werden eingetragen.
Der vorgestellten Handlung wird dann die entsprechende Operatordarstellung zugeordnet.
Mit Hilfe von **KV 57** können weitere Arbeitsblätter erstellt werden.

! Bei der Bearbeitung dieser Aufgaben ist es unbedingt notwendig, dass der Handlungsablauf der jeweiligen Situation sehr genau verbalisiert wird. Nur so wird der Zusammenhang von Sachsituation und mathematischer Gleichung deutlich.

KV 58 *Arbeitsblatt*
Nachdem der Handlungsablauf geklärt ist, ordnen die Kinder der jeweils dargestellten Sachsituation die entsprechende Rechnung in der Operatorschreibweise zu.

! Wegen der u. U. unterschiedlichen Deutung einzelner Situationen ist die Verbalisierung des Handlungsablaufes unbedingt notwendig.

KV 59 *Overheadfolie*
Die dargestellte Situation (Straßenfest) ermöglicht eine Fülle unterschiedlicher Aufgabenstellungen mit unterschiedlichem Schwierigkeitsgrad.
Beispiele:
Eisverkaufsstand:
- ▷ Wie viel muss das einzelne Kind bzw. die Mutter mit Kind bezahlen?
  Wie viel Geld bekommen sie zurück?
- ▷ Wie viel Geld haben die Kinder, die rechts vom Eisstand stehen, gehabt, bevor sie das Eis gekauft haben?

Dosenwurfbude:
- ▷ Wie viele Dosen standen vor dem ersten Wurf auf dem Stapel?
- ▷ Wie viele Dosen muss das Kind, das gerade werfen will, treffen, wenn es in der Rangliste noch einen guten Platz erhalten will?
- ▷ Wie groß könnte der Dosenturm sein, wenn alle Dosen aufeinander gestapelt werden?
- ▷ Wie viele Dosen sind bei den Kindern, deren Namen auf der Gewinnertafel stehen, nicht getroffen worden?

Gesamtes Bild:
- ▷ Wie viele Kinder/Erwachsene sind auf dem Bild zu sehen?
- ▷ Wie viele Gruppen sind zu erkennen?
- ▷ Man kann überlegen, was die Kinder, bei denen die noch vorhandenen Geldbeträge in der Denkblase stehen, sich noch leisten können.
  Können sie das Geld vollständig ausgeben?
  Können Restbeträge verschenkt/verliehen werden, damit andere Kinder sich noch etwas kaufen bzw. auf den Dosenturm werfen können?
- ▷ Es kann überlegt werden, welche Wünsche die Kinder bzw. Eltern, die im Vordergrund stehen, haben könnten.

Dann können die gesamten Kosten berechnet werden.
Denkbar ist auch, dass ein Kind auf das Dosenwerfen verzichtet, um sich ein Eis zu kaufen.

Immer wenn mit Geldbeträgen gerechnet wird, sollte Spielgeld zur Verfügung gestellt werden.

KV 60 *Arbeitsblatt, Overheadfolie*
KV 61 *Materialblatt*
KV 62 *Materialblatt*

KV 60 wird zunächst als Overheadfolie eingesetzt. Die dargestellte komplexe Situation bietet eine Fülle von Aufgaben. Dabei steht das Rechnen mit Geld eindeutig im Vordergrund.

Mögliche allgemeine Aufgabenstellungen:
- ▷ Wie viele Ruderboote/Tretboote sind auf dem See?
  Wie viele liegen am Anleger?
- ▷ Wie viele Erwachsene/Kinder sind zu sehen?
- ▷ Man kann die Geldbeträge, die die Kinder noch zur Verfügung haben, vergleichen, in eine Rangordnung bringen bzw. Unterschiede ausrechnen.

Einkäufe:
- ▷ Wie viel muss das Kind, das sich ein Eis und eine Waffel kaufen will, bezahlen? Wie viel bekommt es zurück?
- ▷ Was kann das Kind, das 3 Euro besitzt, mit dem Geld anfangen?
- ▷ Was kann die Familie sich für 20 Euro leisten?

Unterer Teil:
Hier können die Kinder sich selbst und rechts daneben ihre Familie einzeichnen und entsprechende Geldbeträge festsetzen. Anschließend können sie planen, was sie mit dem Geld alles anfangen können: Boot fahren, einkaufen, sparen ...

Um diesen Bereich möglichst handlungsorientiert durchführen zu können, kann mit Hilfe von **KV 61** und **KV 62** folgendes Material hergestellt werden (am besten die Vorlagen auf Pappe kopieren, laminieren und die einzelnen Kärtchen von **KV 62** ausschneiden):
- ▷ **KV 61:** In die eine Geldbörse (Ich habe) wird jeweils der zur Verfügung stehende Geldbetrag eingezeichnet bzw. eingetragen, in die andere (Ich habe noch) wird der Restbetrag eingezeichnet bzw. eingetragen.
  Die beiden Felder unten dienen zum Einkleben der Ausgaben-Kärtchen von **KV 62**.
- ▷ **KV 62:** Ausgaben-Kärtchen, auf denen die entsprechenden Geldbeträge notiert werden können.

Im Sinne der Differenzierung können Aufgaben erstellt werden, bei denen nur jeweils ein Geldbetrag ausgegeben wird bzw. mehre ausgegeben werden.
Nun kann je nach Leistungsfähigkeit der Kinder die Geldausgabe mit Spielgeld durchgeführt oder auch nur mit Hilfe notierter Geldbeträge berechnet werden.

Um die Struktur des Kaufens intensiv zu üben, können mit Hilfe des Materials weitere Aufgaben bearbeitet werden. Wesentlich ist, dass dabei nicht nur gehandelt wird, sondern dass die Grundstruktur gleichzeitig verbalisiert wird.
Denkbar ist auch, dass einzelne Kinder dabei die Rolle der Bootsverleiherin übernehmen und dabei Geldbeträge einnehmen und evtl. Rückgeld herausgeben.

2.10 Wir rechnen mit der Zeit

Ein Zeitraum wird durch mindestens zwei Zeitpunkte festgelegt. Darum erscheint es sinnvoll, im Unterricht den Umgang mit Uhrzeiten in den Zusammenhang mit der Lebenswirklichkeit der Kinder zu stellen.
Da Zeiträume für Kinder dieser Altersstufe schwer vorstellbar sind, sollen zunächst bestimmte Tätigkeiten im normalen Tagesablauf einem durch die Uhrzeit angegebenen Zeitpunkt zugeordnet werden.
Dies führt im Grunde dazu, dass der Tagesablauf in Zeitabschnitte eingeteilt wird und dadurch auch die zeitliche Abfolge in den Blick gerät. Uhrzeiten ablesen ist also von vornherein nicht nur eine Technik, sie wird sogleich zu einem Mittel, einzelne Aktionen, Zustände oder Handlungen in eine zeitliche Reihenfolge zu bringen.

Da bei der analogen Zeitangabe (Uhr mit Zeigern) begonnen wird, muss sogleich gelernt werden, dass dieselbe Zeigerstellung sowohl einen Zeitpunkt vor als auch nach dem Mittag angeben kann, z. B. 8.00 Uhr und 20.00 Uhr.
Um die Kinder nicht zu überfordern, sollen in dieser Einheit zunächst nur Zeitangaben mit vollen Stunden berücksichtigt werden. Zeiträume werden dann ebenfalls nur als ganze Stunden bestimmt.

2.11 Hinweise zu den Kopiervorlagen 63–67

Kopiervorlagen 63–67

Lernmöglichkeiten

- Uhrzeiten ablesen und als Zeitpunkte vor und nach dem Mittag (12.00 Uhr) deuten.
- Vorgegebene Uhrzeiten mit Hilfe einer Lernuhr angeben bzw. auf einem Zifferblatt einzeichnen.
- Den Zeitraum zwischen zwei Zeitpunkten berechnen.

KV 63 *Arbeitsblatt, Overheadfolie*
Die Kinder ordnen die abgebildeten Situationen den verschiedenen Uhrzeiten zu, indem sie sie mit Linien verbinden.
Dabei werden notwendigerweise die Zeitpunkte vor und nach dem Mittag thematisiert.

Hierbei bietet sich der handlungsorientierte Umgang mit Lernuhren an.

KV 64 *Arbeitsblätter*
KV 65 Bei **KV 64** schreiben die Kinder die entsprechenden Uhrzeiten zu den Abbildungen.
KV 65 repräsentiert die umgekehrte Aufgabenstellung, bei der die dem Zeitpunkt entsprechende Zeigerstellung eingezeichnet werden muss.

KV 66 *Arbeitsblätter*
KV 67 Die Kinder zeichnen bzw. schreiben die fehlenden Zeitangaben (volle Stunden) und errechnen die entsprechenden Zeiträume.
Mit Hilfe von **KV 67** können weitere Arbeitsblätter erstellt werden.

2.12 Rechteck, Quadrat, Dreieck und Kreis als geometrische Grundformen

In dieser Einheit ist eine erste bewusste Begegnung mit den genannten Grundformen intendiert. Im handelnden Umgang sollen deren Eigenschaften erkannt und benannt werden, um eine begründete Unterscheidung zu ermöglichen.

2.13 Hinweise zu den Kopiervorlagen 68–70

Kopiervorlagen 68–70

Lernmöglichkeiten

- ▷ Die Grundformen Rechteck, Quadrat, Dreieck und Kreis unterscheiden.
- ▷ Grundformen aus Einzelformen bilden.
- ▷ Gleiche Formen einander begründet zuordnen.
- ▷ Aus den genannten Grundformen „schöne" Muster legen.
- ▷ Evtl. vorgegebene Flächen parkettieren, d. h. die Fläche vollständig mit Teilfiguren auslegen.

KV 68 *Materialblatt*
Das Blatt auf verschiedenfarbigen Karton kopieren, laminieren und die einzelnen Teile ausschneiden.
Handlungsmöglichkeiten:
- ▷ Mengen bilden nach Größe, Farbe oder Form der Figuren als je einem Kriterium.
- ▷ Mengen bilden auf Grund mehrer Kriterien, z. B. große gelbe Quadrate.
- ▷ Grundformen aus Teilformen zusammenlegen, z. B. Quadrat aus zwei Dreiecken.

KV 69 *Materialblatt*
KV 70 *Arbeitsblatt*
KV 69 auf verschiedenfarbigen Karton kopieren, laminieren und die einzelnen Teile ausschneiden.
Mit diesem Material können die Kinder auf **KV 70** (evtl. vergrößert) zusammengesetzte „schöne" Formen legen und aufkleben.
Anschließend tragen die Kinder in die Spalte neben/unter den Figuren jeweils die Anzahlen der verwendeten Teilfiguren ein.

2.14 Das Faltbuch

Das Falten mit Papier bietet vielfältige Möglichkeiten, sich mit geometrischen Figuren zu beschäftigen: Aus den Ausgangsfiguren entstehen durch Falten Teilfiguren, die wiederum bestimmte geometrische Eigenschaften haben. Diese zu erkennen und aus dem Faltvorgang heraus zu begründen, schult geometrisches Denken und festigt die Kenntnis der Eigenschaften der jeweiligen Figuren.

Die Arbeit mit dem Faltbuch wird im Unterricht der Klasse 2 **(Bergedorfer Grundschulpraxis: Mathematik, 2. Klasse, Band 2)** fortgesetzt.
Diese Phase hat zwei Zielsetzungen, nämlich grundlegende Falttechniken zu lernen und die geometrischen Eigenschaften der jeweils entstehenden Figuren zu reflektieren.

Die Kinder können die folgenden Aussagen – durch konkretes Tun unterstützt – entsprechend ihrer individuellen Sprachfähigkeit treffen.

Abbildung 25:
„Wird ein Rechteck in der Mitte gefaltet, entstehen zwei gleich große kleinere Rechtecke. Jedes von ihnen ist halb so groß wie das erste Rechteck."

Abbildung 26:
„Wird ein rechteckiges Blatt so gefaltet, dass eine kurze Seite genau auf der unteren längeren liegt, entsteht ein Dreieck mit zwei gleich langen Seiten."
Im Rückgriff auf die Erfahrungen, die die Kinder evtl. bereits beim Zusammenlegen von gleich großen Dreiecken gemacht haben, könnten sie hier erkennen, dass sie ein Quadrat erhalten würden, wenn sie das Rechteck an der Kante des gefalteten Blattes abschneiden würden. Es entstünden ein Quadrat und ein Rechteck.

Abbildung 27:
„Faltet man ein Quadrat an der Mittellinie, erhält man zwei gleich große Rechtecke. Beide sind halb so groß wie das Quadrat."

„Faltet man ein Quadrat so, dass die schräg gegenüberliegenden Ecken aufeinander fallen, entstehen zwei gleich große Dreiecke. Jedes ist halb so groß wie das Quadrat."

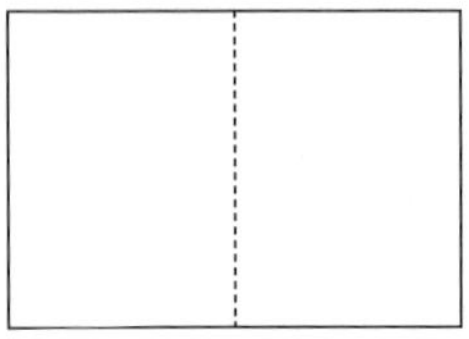
Abbildung 25

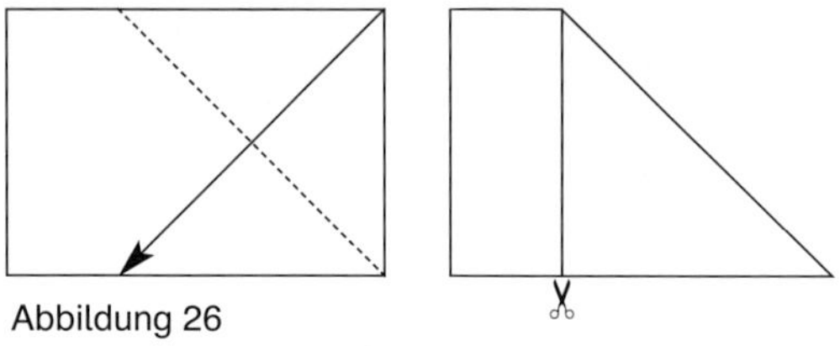
Abbildung 26

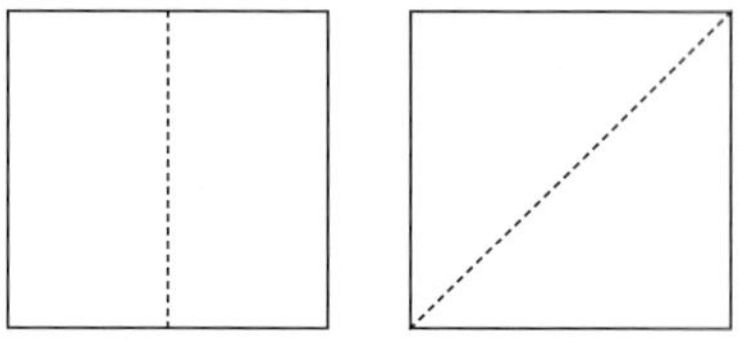
Abbildung 27

2.15 Hinweise zu den Kopiervorlagen 71–75

Kopiervorlagen 71–75 (Das Faltbuch)

Lernmöglichkeiten

▷ Faltanleitungen umsetzen, dabei die Technik exakten Faltens üben.
▷ Geometrische Eigenschaften der Faltfiguren erkennen und begründen.

KV 71 *Deckblatt*
Das Blatt am besten auf Pappe kopieren. Die Kinder malen das Deckblatt aus und tragen ihren Namen ein.

KV 72 *Materialblätter*
KV 73 **Material** für die Faltobjekte: exakt geschnittene Bögen: 105 x 148 mm (DIN A6)/105 x 105 mm, Klebstoff
KV 74 Die Kinder versuchen, die auf **KV 72** abgebildeten Faltungen exakt durchzuführen. Dabei werden die Eigenschaften der entstehenden Figuren benannt und begründet.
KV 73 und **KV 74** sind Seiten des Faltbuches.
Die Ergebnisse der Faltübungen von **KV 72** werden hier mit einer Teilfläche so eingeklebt, dass durch Auffalten jeweils die Ursprungsfigur entsteht. Die gefalteten Figuren passen exakt in die entsprechenden Felder; die Genauigkeit der Faltung kann dadurch überprüft werden.

KV 75 *Materialblatt – Hut*
Material: DIN-A3-/DIN-A4-Bögen
Die Kinder falten nach der Anleitung das Faltobjekt „Hut".

Material

1

Zahldarstellungen

Material: Zwanzigerfeld, Zahlenstreifen

2

1
2
3
4
5
6
7
8
9
10

11
12
13
14
15
16
17
18
19
20

1
2
3
4
5
6
7
8
9
10

11
12
13
14
15
16
17
18
19
20

KOPIERVORLAGE

Name: ______________________ **3**

6 + 5 = ☐	9 − 3 = ☐	7 + 6 = ☐
12 − 4 = ☐	8 + 7 = ☐	14 − 5 = ☐
4 + 9 = ☐	11 − 8 = ☐	5 + 3 = ☐
13 − 9 = ☐	6 + 4 = ☐	10 − 7 = ☐
9 + 6 = ☐	15 − 8 = ☐	7 + 9 = ☐
12 − 6 = ☐	4 + 10 = ☐	16 − 7 = ☐
7 + 7 = ☐	11 − 9 = ☐	5 + 8 = ☐
14 − 5 = ☐	8 + 9 = ☐	10 − 3 = ☐

5
Kann ich weiter werfen?

Name: ____________________ **5**

Material: Zahlenstrahl

6

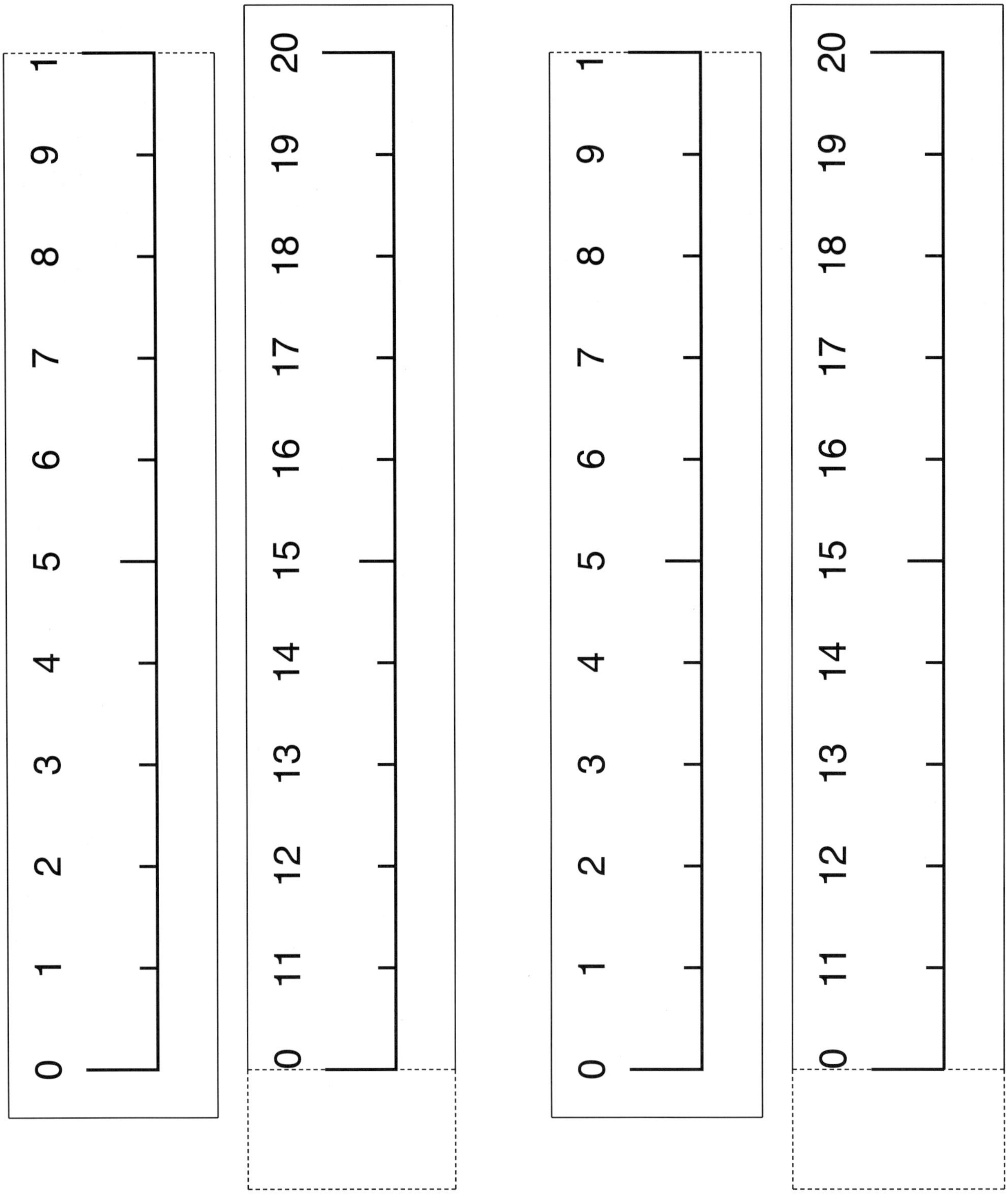

KOPIERVORLAGE

Bergedorfer Grundschulpraxis: Mathematik – 1. Klasse, Band 2

Name: ____________________ **7**

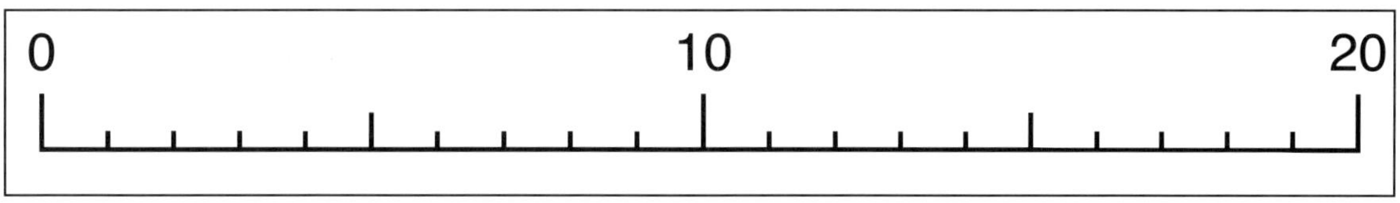

12	13	14
	9	
	17	
	15	
	5	
	19	
	12	
	10	

	8	
	14	
	11	
	6	
	18	
	13	
	7	
	16	

6		
		17
		10
11		
		20
13		
	10	
17		

Material

8

KOPIERVORLAGE

Material: Zahlstreifen

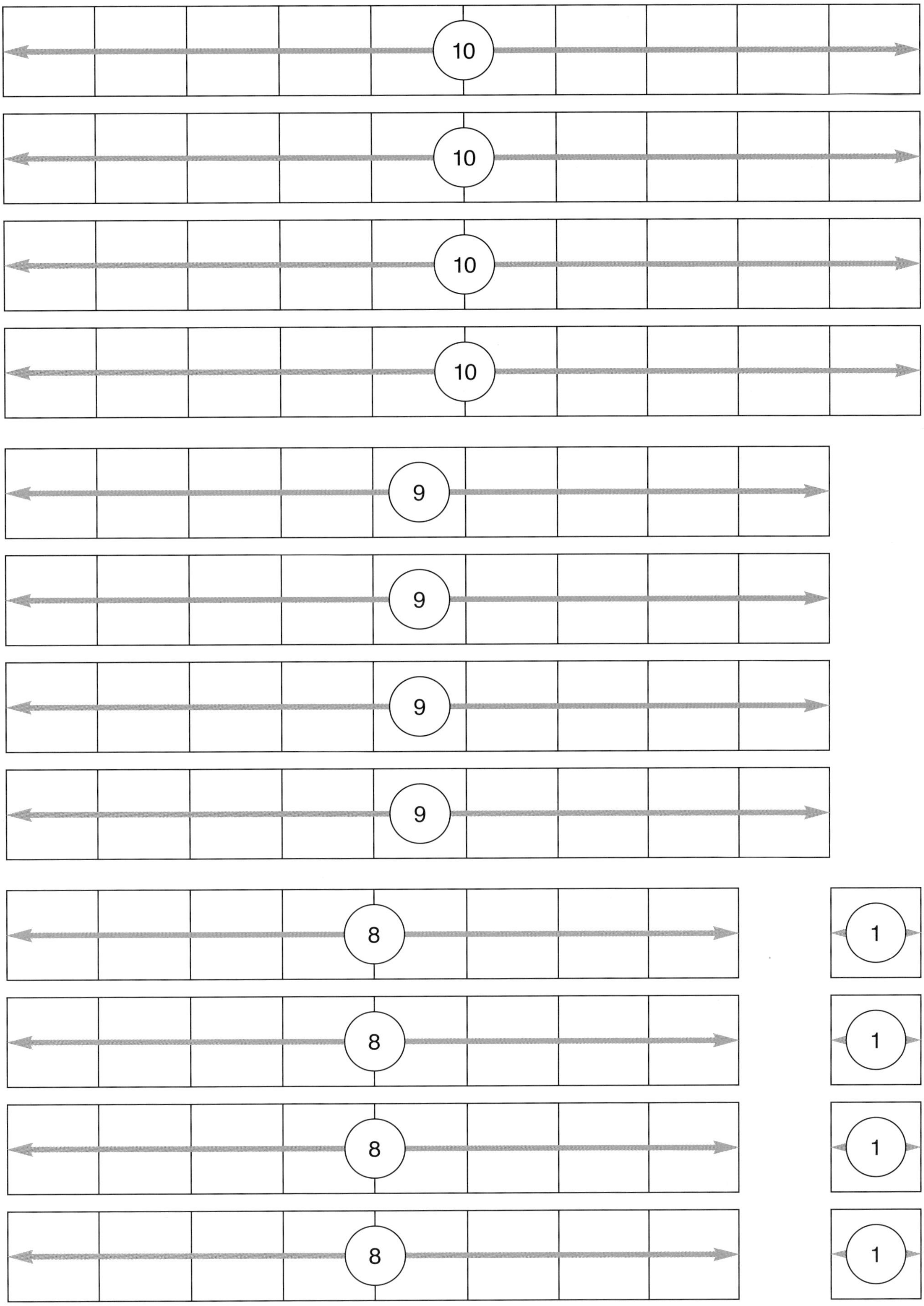

Material: Zahlstreifen

10

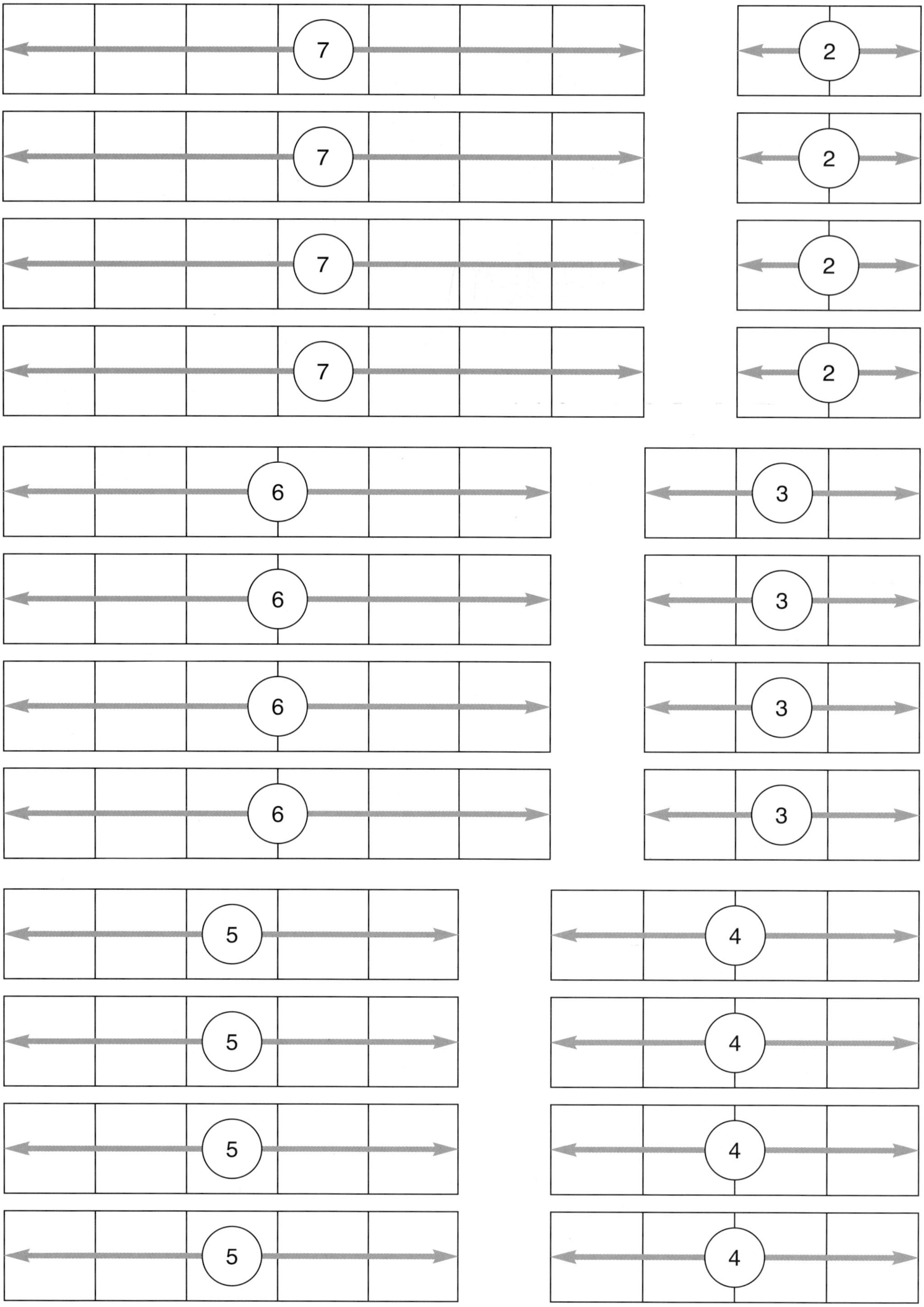

KOPIERVORLAGE

Name:

14

18

Name: ____________________ **12**

11 12 13 14 15

20 19 18 17 16

Name: ______________________ **13**

12	=	5	+	
14	=	9	+	
17	=	13	+	
20	=	12	+	
13	=	4	+	

11	=		+	3
18	=		+	12
16	=		+	9
20	=		+	14
12	=		+	8

6	+		=	13
12	+		=	17
8	+		=	17
15	+		=	20
7	+		=	11

	+	8	=	16
	+	11	=	14
	+	5	=	13
	+	13	=	19
	+	7	=	10

16	=	5	+	
12	=		+	9
19	=		+	6
17	=	5	+	
20	=	13	+	

	+	9	=	18
11	+		=	15
4	+		=	20
	+	5	=	19
7	+		=	17

16	=	11	+	
16	=	10	+	

9	+		=	20
10	+		=	20

Material

14

Halbieren

Name:	15

Immer die Hälfte!

1	
2	
3	
4	
5	
6	
7	
8	
9	
10	

11	
12	6
13	
14	
15	
16	
17	
18	
19	
20	

Material

16

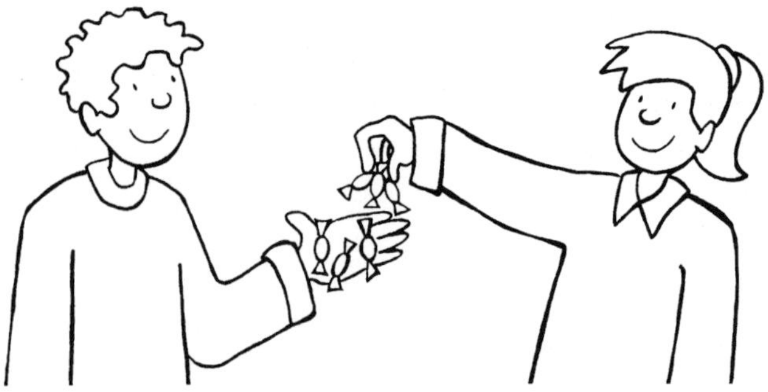

Verdoppeln

Name: ______________________ **17**

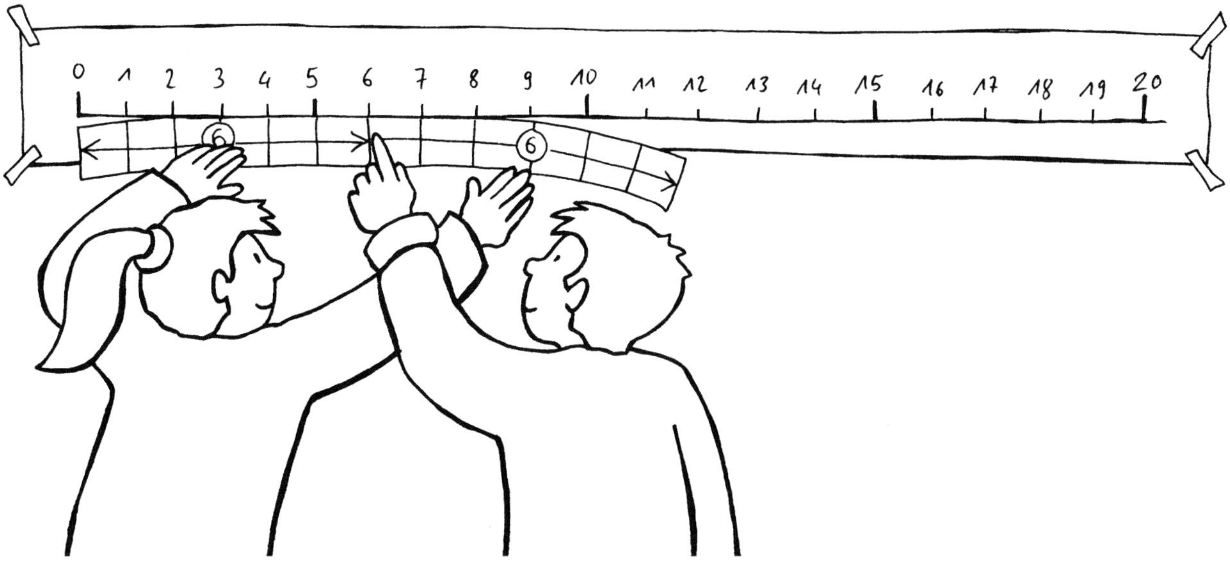

Immer das Doppelte!

1	2	3	4	5	6	7	8	9	10
					12				

Verdoppeln

Name: ____________________ **18**

● → ●●		● → ●●		● → ●●	
5		9			14

●● → ●		●● → ●		●● → ●	
16		12			9

● → ●●		● → ●●		● → ●●	
4			20	8	

●● → ●		●● → ●		●● → ●	
14			5	20	

● → ●●		●● → ●	
	12	18	

Name: ______________________ **19**

Name: ______________________ **20**

5	<	11
12		10
13		13

16		11
18		20
7		0

19		19
14		13
17		18

15		17
16		19
20		10

6 + 7		15
17		8 + 8
7 + 7		16

12		15 – 6
14 – 7		8
9		12 – 4

16		9 + 7
6 + 6		13
20		12 + 8

18 – 6		14
15		20 – 3
13 – 8		7

4 + 5		11 – 3
13 – 8		15 – 9
16 – 9		6 + 6

17 – 5		6 + 7
8 + 6		20 – 7
4 + 9		18 – 5

12 + 5		11 + 8
19 – 4		7 + 5
11 – 8		13 – 9

20 – 4		19 – 3
9 + 9		11 + 6
5 + 10		20 – 5

Bergedorfer Grundschulpraxis: Mathematik – 1. Klasse, Band 2

SPORT
SPORT
DENNIS
EVA
TINE
TOM
BERND
ANNE
ALEX
LISA
JAN
CAROLA
LARS
LEA

Name: ______________________ **22**

Ordnungszahlen

KOPIERVORLAGE

Name: ______________________

23

9 + 5 = □

□ + □ = □

8 + 5 = □

□ + □ = □

□ + □ = □

8 + 6 = □ 8 + 4 = □

9 + 4 = □ 7 + 5 = □

□ + □ = □

□ + □ = □

6 + 8 = □

□ + □ = □

6 + 7 = □

6 + 9 = □ 8 + 7 = □

7 + 8 = □ 5 + 8 = □

□ + □ = □

□ + □ = □

9 + 6 = □

□ + □ = □

□ + □ = □

9 + 5 = □ 8 + 6 = □

10 + 7 = □ 10 + 6 = □

9 + 7 = □

Nachbaraufgaben

Name: ____________________ **24**

8 + 3 = ☐

☐ + ☐ = ☐ ☐ + ☐ = ☐

8 + 3 = ☐

☐ + ☐ = ☐ ☐ + ☐ = ☐

6 + 2 = ☐

☐ + ☐ = ☐ ☐ + ☐ = ☐

6 + 2 = ☐

☐ + ☐ = ☐ ☐ + ☐ = ☐

9 + 8 = ☐

☐ + ☐ = ☐ ☐ + ☐ = ☐

9 + 8 = ☐

☐ + ☐ = ☐ ☐ + ☐ = ☐

7 + 6 = ☐

☐ + ☐ = ☐ ☐ + ☐ = ☐

7 + 6 = ☐

☐ + ☐ = ☐ ☐ + ☐ = ☐

5 + 9 = ☐

☐ + ☐ = ☐ ☐ + ☐ = ☐

5 + 9 = ☐

☐ + ☐ = ☐ ☐ + ☐ = ☐

Name: ____________________ **25**

Nachbaraufgaben

□ + □ = □ □ + □ = □
□ + □ = □ □ + □ = □
□ + □ = □ □ + □ = □

□ + □ = □ □ + □ = □
□ + □ = □ □ + □ = □
□ + □ = □ □ + □ = □

□ + □ = □ □ + □ = □
□ + □ = □ □ + □ = □
□ + □ = □ □ + □ = □

□ + □ = □ □ + □ = □
□ + □ = □ □ + □ = □
□ + □ = □ □ + □ = □

□ + □ = □ □ + □ = □
□ + □ = □ □ + □ = □
□ + □ = □ □ + □ = □

Name:

26

1 + 1	2 + 2	3 + 3	4 + 4	5 + 5	6 + 6	7 + 7	8 + 8	9 + 9	10 + 10

6 + 8 = ☐	9 + 7 = ☐	5 + 7 = ☐	4 + 3 = ☐
6 + 6 = 12			
7 + 6 = ☐	5 + 9 = ☐	8 + 9 = ☐	7 + 8 = ☐
6 + 5 = ☐	8 + 7 = ☐	9 + 6 = ☐	4 + 5 = ☐
8 + 5 = ☐	6 + 7 = ☐	9 + 4 = ☐	5 + 6 = ☐
9 + 8 = ☐	5 + 8 = ☐	7 + 4 = ☐	8 + 6 = ☐

Rechenstrategie: Verdoppeln

KOPIERVORLAGE

Name: ______________________________ **27**

8 + 4 = ☐	9 + 4 = ☐	6 + 8 = ☐	7 + 4 = ☐
8 + 2 + 2 = ☐	9 + ☐ + ☐ = ☐		
9 + 7 = ☐	8 + 6 = ☐	7 + 7 = ☐	5 + 8 = ☐
9 + 5 = ☐	3 + 9 = ☐	8 + 7 = ☐	4 + 6 = ☐
5 + 7 = ☐	9 + 8 = ☐	7 + 6 = ☐	2 + 9 = ☐
6 + 9 = ☐	5 + 6 = ☐	8 + 5 = ☐	4 + 8 = ☐

Material: Spiel „Hüpf zur 10!“ (I)

28

10
9
8
7
6
5
4
3
2
1
START

		**10**	**Aufgabe**
4	6	10	4 + 6 = 10

KOPIERVORLAGE

11 – 3 = □ 11 – 1 – 2 = □	13 – 4 = □ 13 – □ – □ = □	15 – 7 = □	12 – 5 = □
14 – 6 = □	11 – 7 = □	13 – 8 = □	16 – 7 = □
12 – 9 = □	15 – 6 = □	14 – 7 = □	17 – 9 = □
12 – 7 = □	16 – 9 = □	13 – 6 = □	11 – 5 = □
15 – 9 = □	14 – 5 = □	11 – 8 = □	16 – 8 = □

Rechenstrategie: Aufgliedern des Subtrahenden

Material: Spiel „Hüpf zur 10!“ (II) | 30

START **20**
19
18
17
16
15
14
13
12
11
10

			**10**	**Aufgabe**
3	17	7	10	17 – 7 = 10

Name: ______________________ **31**

			1	4	–								
			1	3	–		6	=	7				
			1	2	–		5	=					

①

1	4	–		8	=		
1	3	–					

②

1	2	–		7	=		
1	1	–					

③

1	3	–		9	=		
1	2	–					

④

1	1	–		7	=		
1	2	–					

⑤

1	5	–		9	=		
1	6	–					

⑥

1	2	–		8	=		
1	3	–					

⑦

		–			=		
		–			=		
1	5	–		8	=		
		–			=		
		–			=		

⑧

		–			=		
1	1	–		7	=		
		–			=		
		–			=		
		–			=		

⑨

		–			=		
		–			=		
		–			=		
1	8	–		9	=		
		–			=		

⑩

1	2	–		3	=		
1	4	–			=		
		–			=		
		–			=		
		–			=		

⑪

1	8	–	1	0	=		
1	6	–			=		
		–			=		
		–			=		
		–			=		

⑫

		–					
		–					
1	4	–		7	=		
1	7	–					

Name:

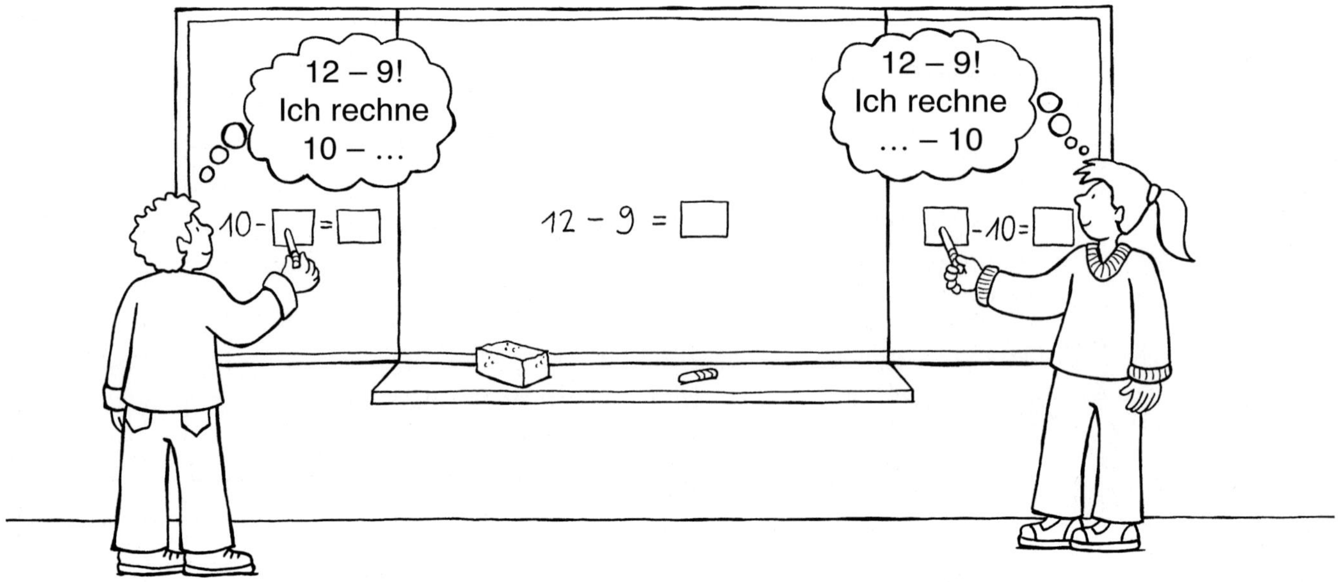

14 – 8 =	12 – 7 =	17 – 9 =
10 – 4 = 16 – 10 =		
11 – 5 =	15 – 8 =	13 – 6 =
12 – 4 =	16 – 9 =	14 – 5 =
13 – 8 =	18 – 9 =	15 – 6 =

KOPIERVORLAGE

Name: ____________________ **33**

				7	+								
				8	+		5	=					
				9	+		4	=					

①

	9	+		6	=		
	8	+			=		
		+			=		
		+			=		
		+			=		

②

	7	+		7	=		
	6	+			=		
		+			=		
		+			=		
		+			=		

③

1	2	+		8	=		
1	1	+			=		
		+			=		
		+			=		
		+			=		

④

	6	+		5	=		
	7	+			=		
		+			=		
		+			=		
		+			=		

⑤

	8	+		9	=		
	9	+			=		
		+			=		
		+			=		
		+			=		

⑥

1	3	+		5	=		
1	4	+			=		
		+			=		
		+			=		
		+			=		

⑦

		+			=		
		+			=		
1	0	+		7	=		
		+			=		
		+			=		

⑧

		+			=		
	8	+		5	=		
		+			=		
		+			=		
		+			=		

⑨

		+			=		
		+			=		
		+			=		
1	2	+		6	=		
		+			=		

⑩

1	0	+	1	0	=		
1	2	+			=		
		+			=		
		+			=		
		+			=		

⑪

1	6	+		3	=		
1	3	+			=		
		+			=		
		+			=		
		+			=		

⑫

		+			=		
		+			=		
1	0	+		9	=		
1	4	+			=		
		+			=		

Name: ______________________ **34**

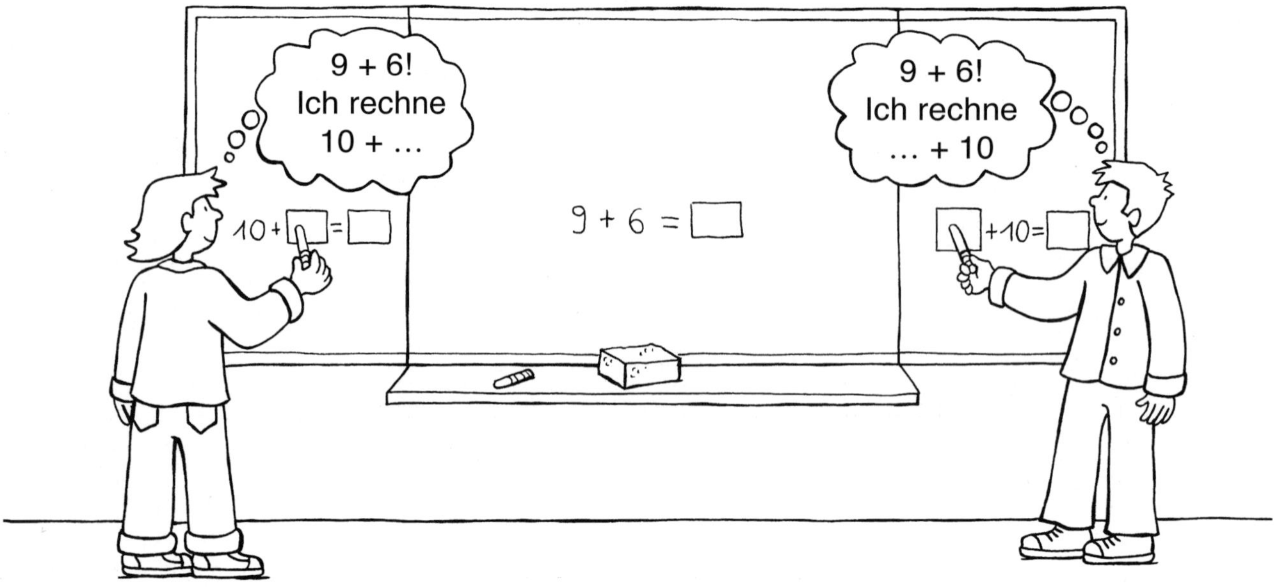

8 + 7 =	5 + 9 =	7 + 4 =
10 + 5 = 5 + 10 =		
6 + 8 =	12 + 5 =	9 + 7 =
4 + 13 =	8 + 5 =	7 + 13 =
9 + 8 =	5 + 15 =	6 + 6 =

Gegensinniges Verändern: Addition

KOPIERVORLAGE

Name:

①

9	+ 4 →	
8	+ 7 →	
12	+ 6 →	

②

11	− 5 →	
14	− 8 →	
19	− 6 →	

③

13	+ 7 →	
15	− 9 →	
12	− 10 →	

④

3	→	9
12	→	20
7	→	13

⑤

8	→	2
17	→	12
13	→	5

⑥

9	→	17
14	→	6
4	→	13

⑦

	+ 2 →	6
	+ 4 →	10
	+ 7 →	12

⑧

	− 3 →	6
	− 5 →	10
	− 4 →	7

⑨

	− 7 →	13
	+ 6 →	14
	− 8 →	15

Name: ______________________________ **36**

①

7	+ 6 ⇄ ☐	13
12	+ 7 ⇄ ☐	
9	+ 4 ⇄ ☐	
14	+ 6 ⇄ ☐	

②

11	– 5 ⇄ ☐	
18	– 3 ⇄ ☐	
13	– 8 ⇄ ☐	
19	– 7 ⇄ ☐	

③

8	+ 9 ⇄ ☐	
12	– 5 ⇄ ☐	
10	+ 10 ⇄ ☐	
20	– 6 ⇄ ☐	

④

	+ 2 ⇄ ☐	9
	+ 9 ⇄ ☐	14
	+ 5 ⇄ ☐	17

⑤

	– 3 ⇄ ☐	5
	– 8 ⇄ ☐	10
	– 6 ⇄ ☐	15

⑥

	+ 4 ⇄ ☐	19
	– 7 ⇄ ☐	11
	+ 8 ⇄ ☐	20

Operatorschreibweise

KOPIERVORLAGE

5 dazu
15

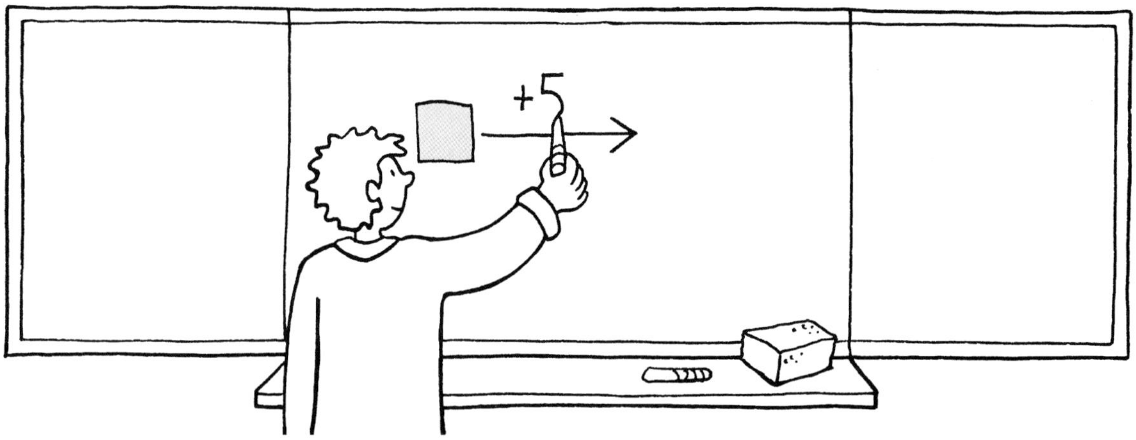
+5

7 dazu
18
+ 7
18

4 weg-
nehmen
9

9 dazu
20

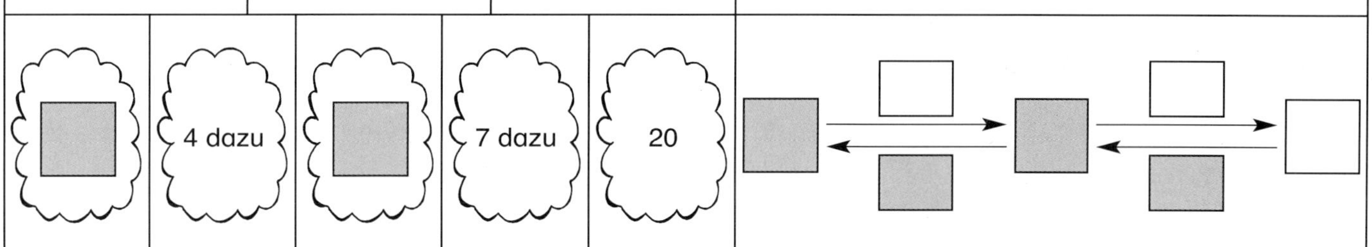
4 dazu
7 dazu
20

Material: Zahlenrätsel-Karten

38

Operatorschreibweise

KOPIERVORLAGE

Bergedorfer Grundschulpraxis: Mathematik – 1. Klasse, Band 2

Name: ______________________ **39**

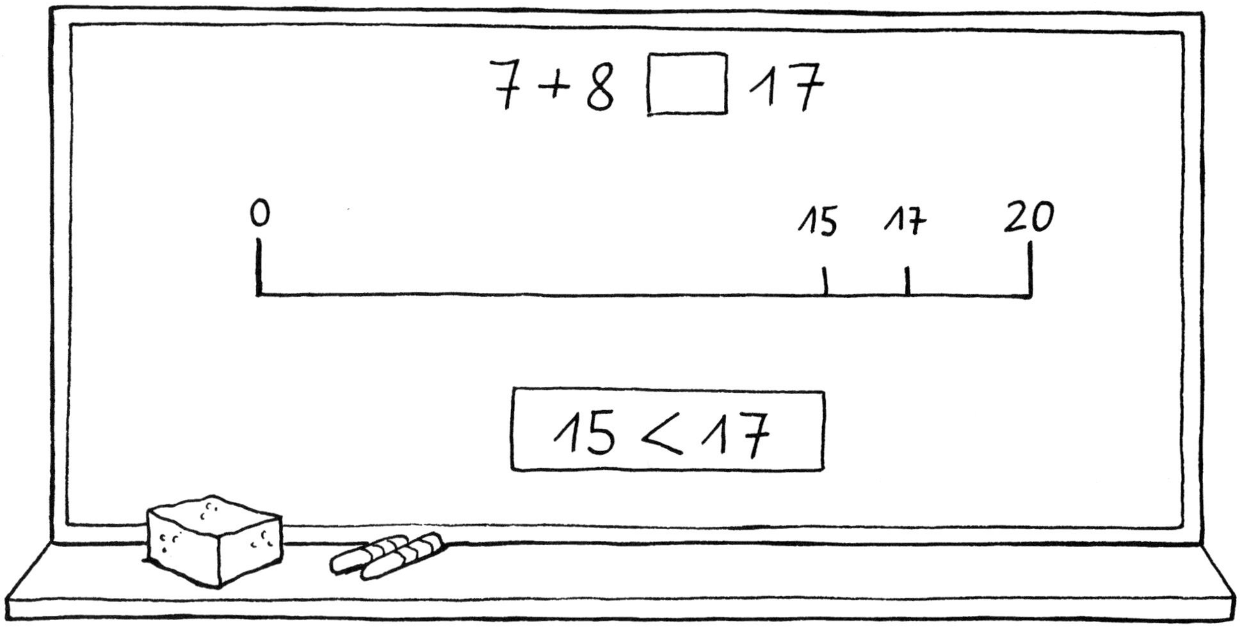

20 – 4 □ 9 ☐	0 ———————————— 20
14 □ 11 + 8 ☐	0 ———————————— 20
9 □ 18 – 5 ☐	0 ———————————— 20
9 + 7 □ 13 – 4 ☐	0 ———————————— 20

Name: ______________________ **40**

0 20

0 20

0 20

0 20

0 20

0 20

KOPIERVORLAGE

Name: ______________________ **41**

12 – 5 = ☐

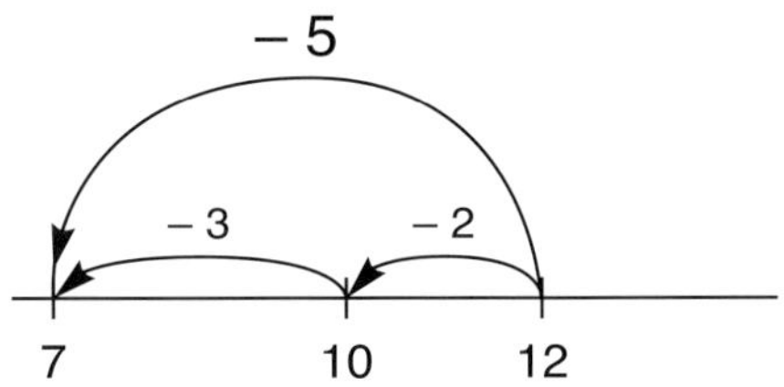

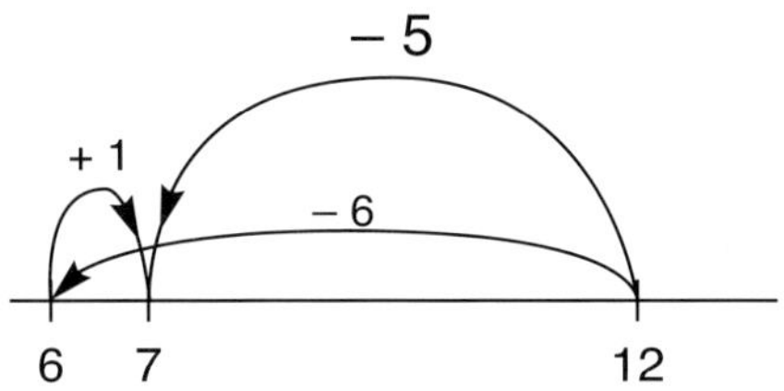

7 + 6 = ☐

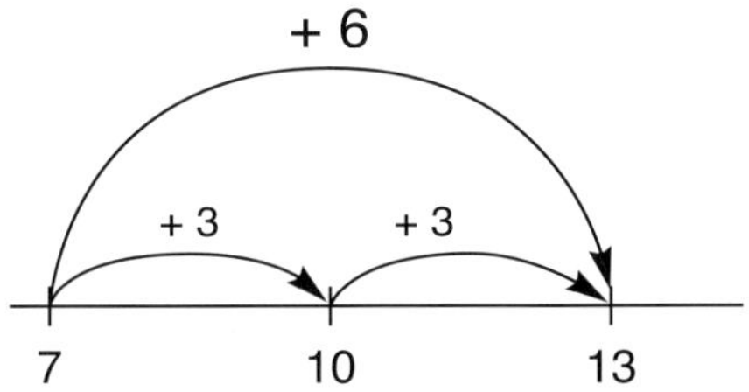

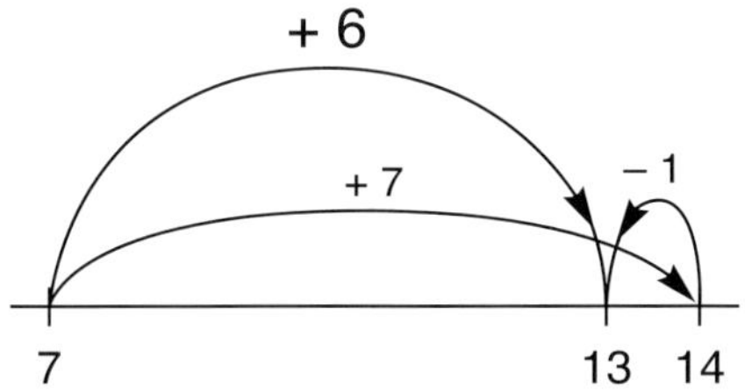

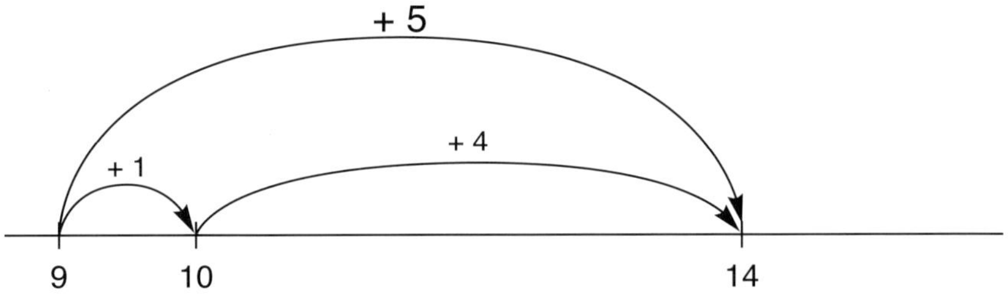

☐

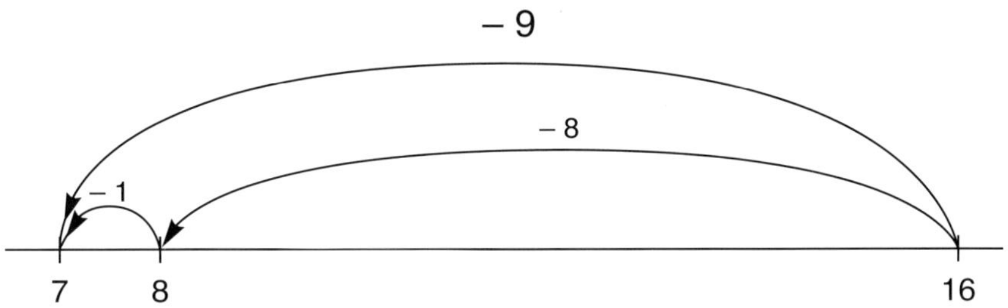

☐

4 + 13 = ☐

____

15 – 8 = ☐

____

Verschiedene Lösungswege

Name:	42

12 – 7 = ☐	________________
9 + 8 = ☐	________________
6 + 12 = ☐	________________
13 – 9 = ☐	________________
8 + 7 = ☐	________________
20 – 12 = ☐	________________

 KOPIERVORLAGE

Name: ______________________ **43**

☐ = ☐	______________
☐ = ☐	______________
☐ = ☐	______________
☐ = ☐	______________
☐ = ☐	______________
☐ = ☐	______________

Name:

44

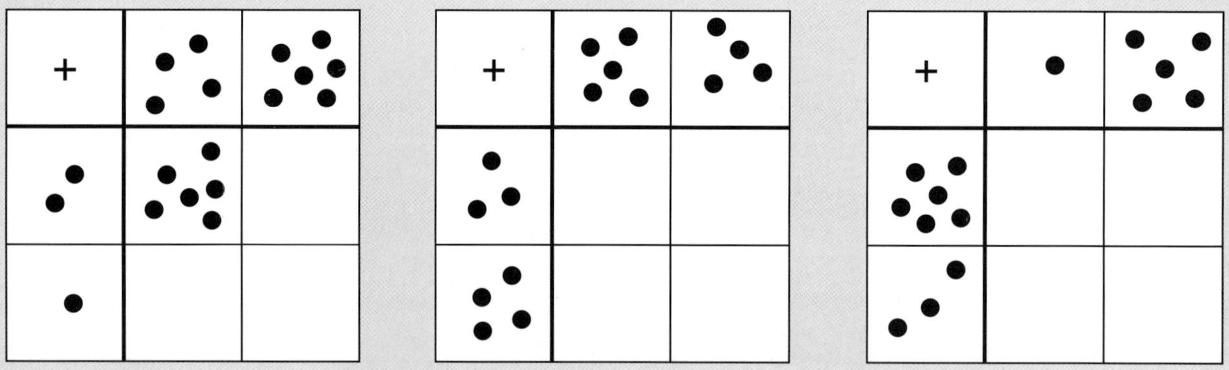

+	6	2
4		
5		

+	4	6
7		
9		

+	9	7
8		
6		

+	5	8
11		
7		

+	6	13
6		
4		

+	3	9
8		
11		

+		8
5	7	
		14

+	12	
		16
7		15

+		13
	6	
4	8	

+	10	
6		9
	20	

+		8
	11	14
5		

Übungsaufgaben: Addition

KOPIERVORLAGE

Name:

Name: ______________________ **46**

(1b)

(2b)

(1a)

(2a)

Name: ______________________ **47**

Immer das Doppelte!

13 9 14 7 6 8 4 10 3

	● → ●●	
	● → ●●	
	● → ●●	

20 8 16 7 2 10 12 9 6

	● → ●●	
	● → ●●	
	● → ●●	

5 9 4 12 18 7 2 16 10

	● → ●●	
	● → ●●	
	● → ●●	

Immer die Hälfte!

16 9 4 14 2 7 20 10 6

	●● → ●	
	●● → ●	
	●● → ●	

14 9 12 10 8 16 1 18 6

	●● → ●	
	●● → ●	
	●● → ●	

4 11 14 6 10 7 5 15 8

	●● → ●	
	●● → ●	
	●● → ●	

Verdoppeln und Halbieren: Zahlenpaare suchen

Name: ____________________ **48**

1 11 5 18 6 7

12 6 8 6 20 2

7 4 2 6 17 11

7 5 12 19 0 11 7 3

5 7 15 5 3 11 8 2

Zahlenmauern

KOPIERVORLAGE

Name: ______________________ **49**

5
5 EURO

20
CENT

5
CENT

100
100 EURO

20
20 EURO

2
CENT

50
CENT

1
CENT

10
10 EURO

50
50 EURO

10
CENT

Name: **50**

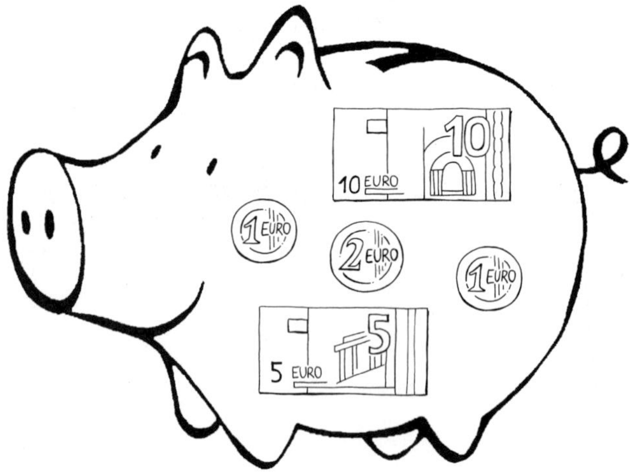

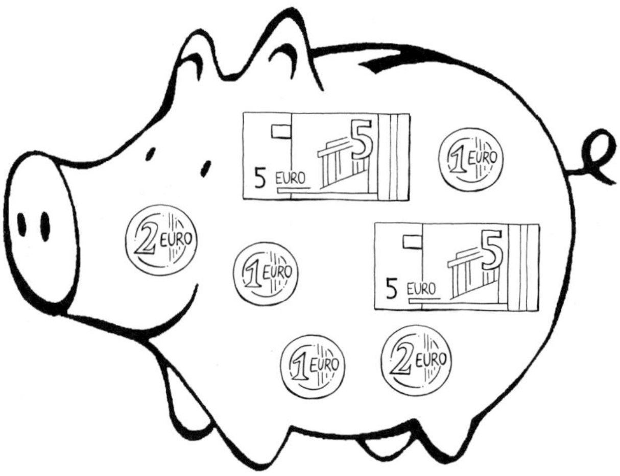

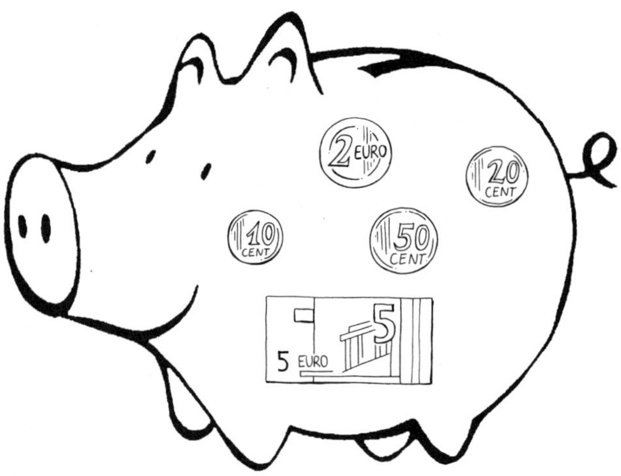

Rechnen mit Geld

KOPIERVORLAGE

Name: ______________________ **51**

13 Euro
13 €

15 Euro
15 €

16 Cent
16 ct

35 Cent
35 ct

6 Euro 40 Cent
6 € 40 ct

25 Euro 80 Cent
25 € 80 ct

Name:	52

Geld wechseln

Merke: 1 Euro – 100 Cent

Immer 1 Euro	
Münzen	Anzahl
	1

Immer 60 Cent	
Münzen	Anzahl

KOPIERVORLAGE

Bergedorfer Grundschulpraxis: Mathematik – 1. Klasse, Band 2

Immer 20 Cent	
Münzen	Anzahl
	2
	3
	6

Immer 15 Cent	
Münzen	Anzahl
	3
	4
	5

Immer 50 Cent	
Münzen	Anzahl
	3
	4
	5
	8

Immer 80 Cent	
Münzen	Anzahl
	3
	5
	7
	10

Immer 1 Euro	
Münzen	Anzahl
	2
	4
	5
	6
	7

Immer 2 Euro	
Münzen	Anzahl
	2
	3
	4
	5
	6

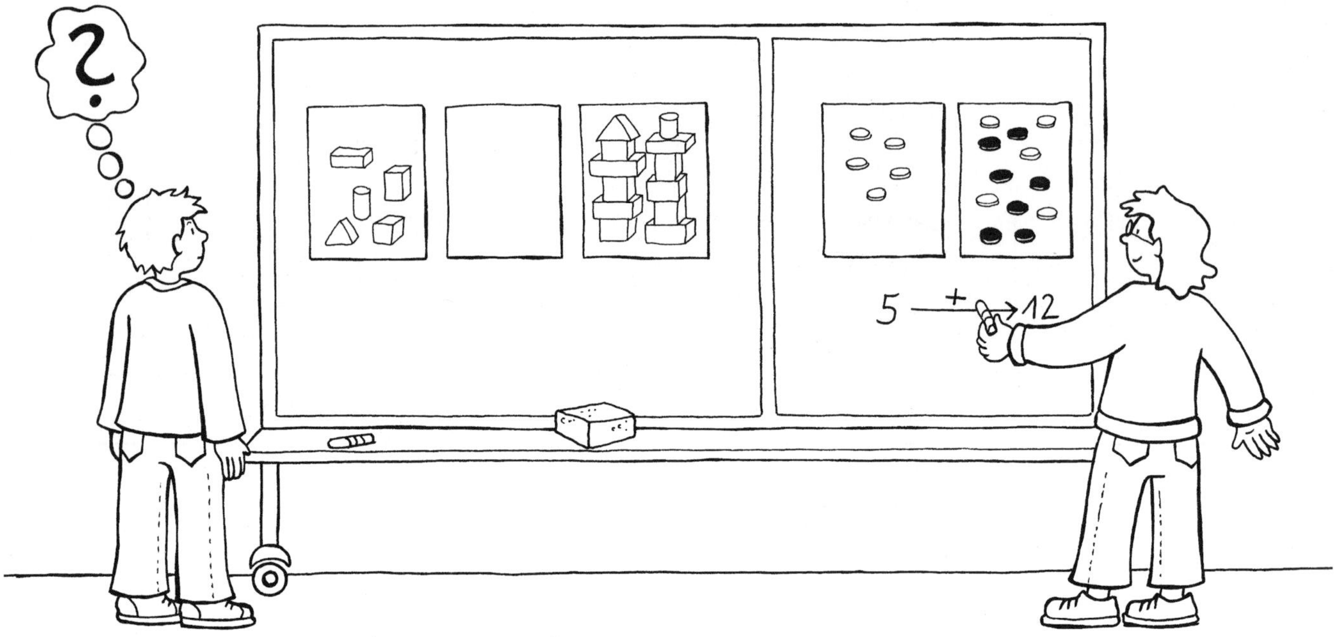
?
5 + 12

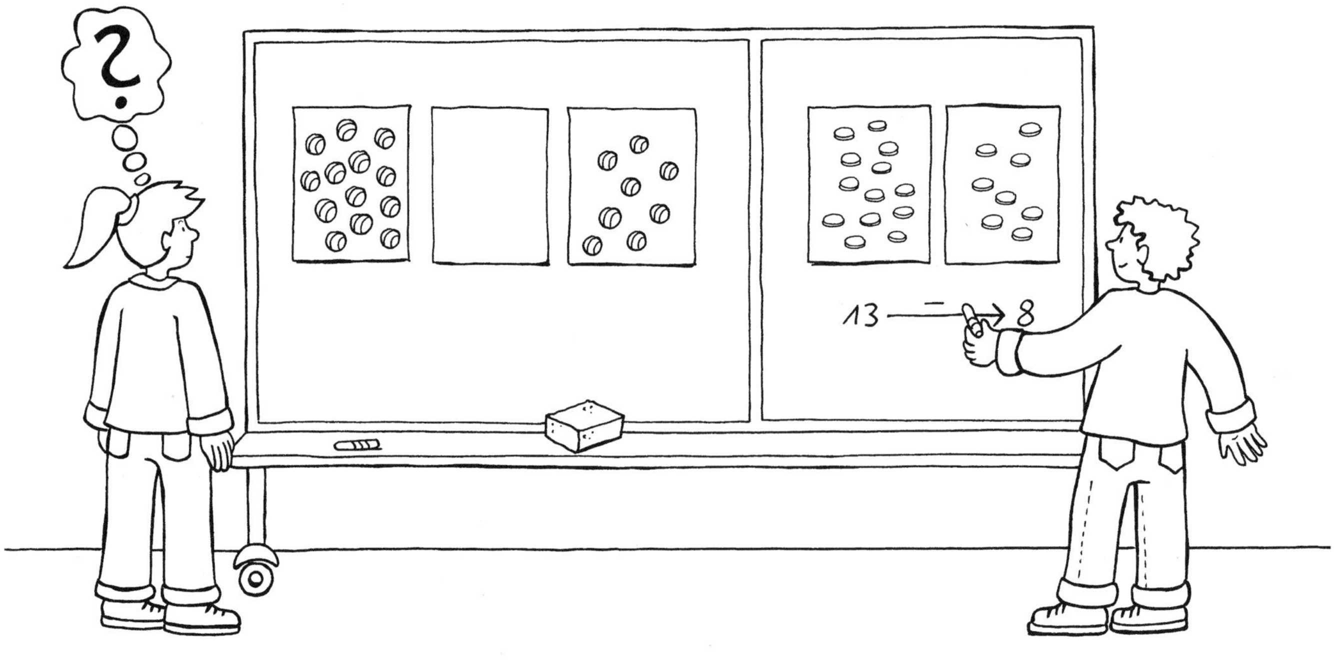
?
13 – 8

Name: ____________________ **55**

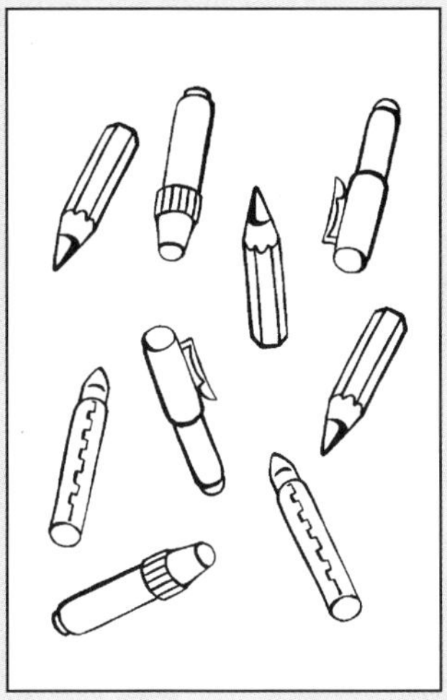

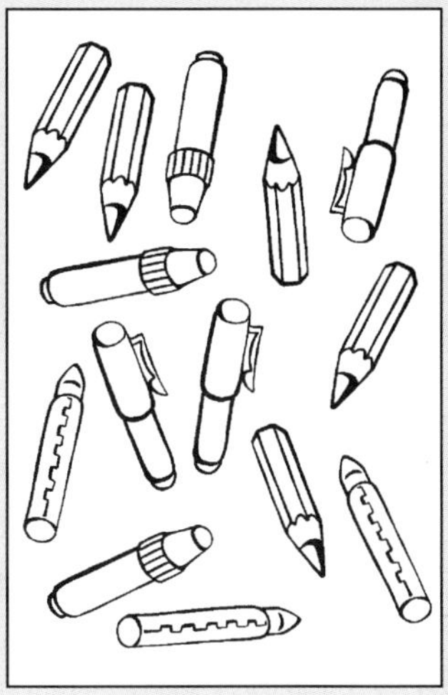

☐ + → ☐

☐ ☐ → ☐

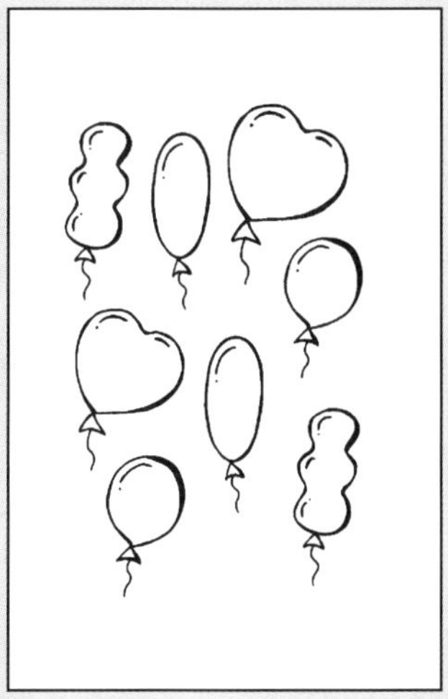

☐ + 9 → ☐

☐ – 7 → ☐

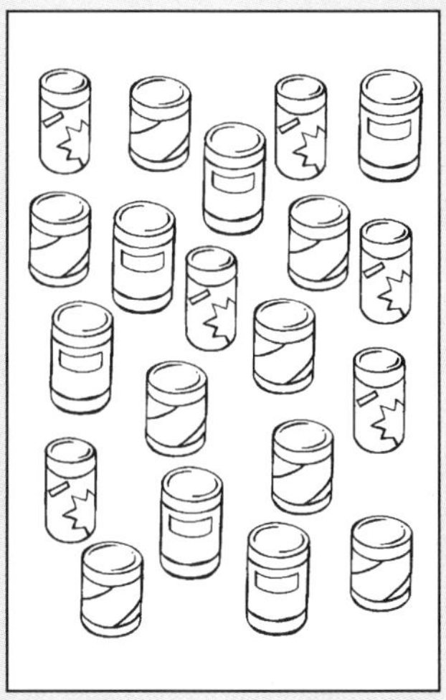

☐ – 6 → ☐

☐ + 3 → ☐

Name: ____________________ **56**

□ + 4 → □

□ + 8 → □

□ – 7 → □

□ – 3 → □

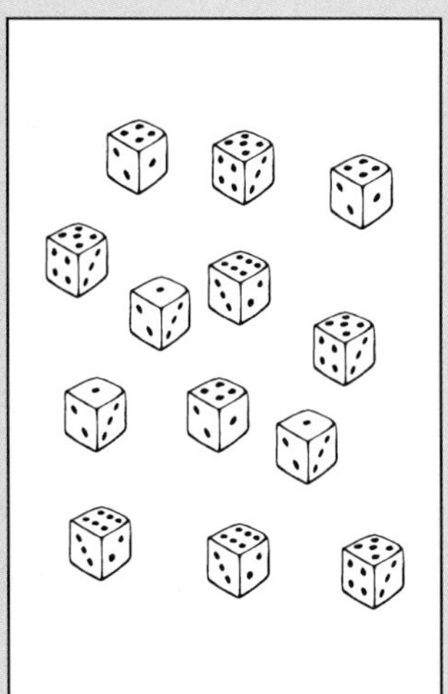

□ + 6 → □

□ – 7 → □

Name:

57

Name: **58**

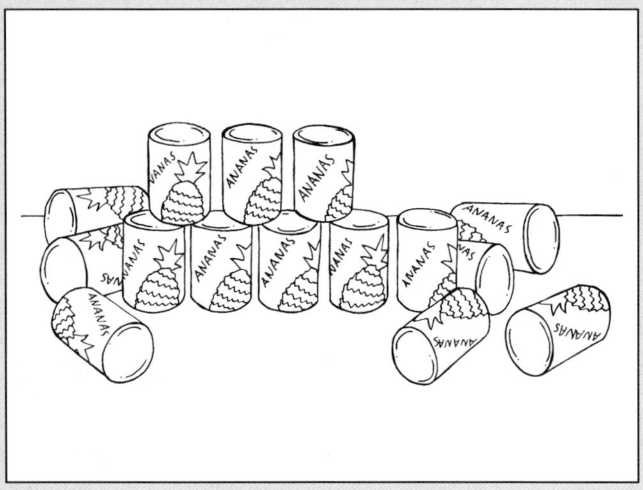

KOPIERVORLAGE

Bergedorfer Grundschulpraxis: Mathematik – 1. Klasse, Band 2

Name: ______________________ **60**

Ich	Meine Familie

Sachsituation: Bootsverleih

Bergedorfer Grundschulpraxis: Mathematik – 1. Klasse, Band 2

Material

61

Ich habe:

Ich habe:

Ich habe noch:

Ich habe noch:

Klebefläche

Klebefläche

SAFT
SAFT
SAFT
SAFT
SCHOKO
SCHOKO
SCHOKO
SCHOKO

Name: ______________________ **63**

Name: ____________________ **64**

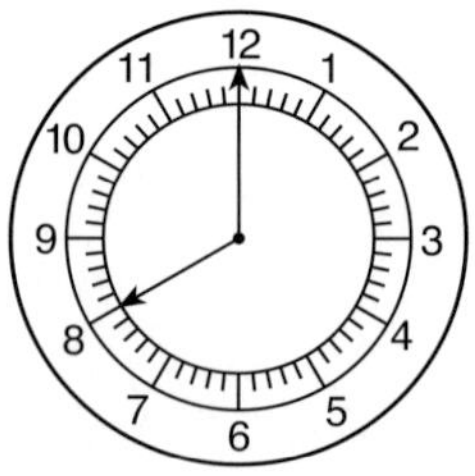

8 Uhr

20 Uhr

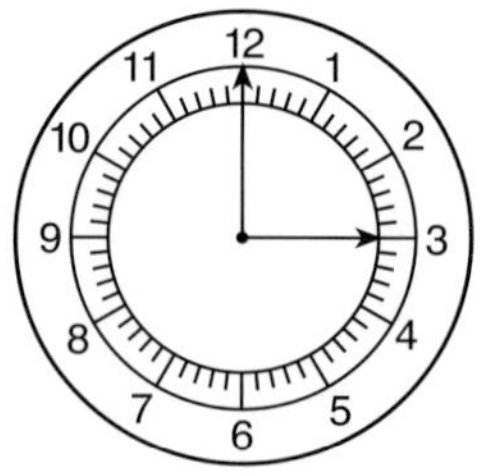

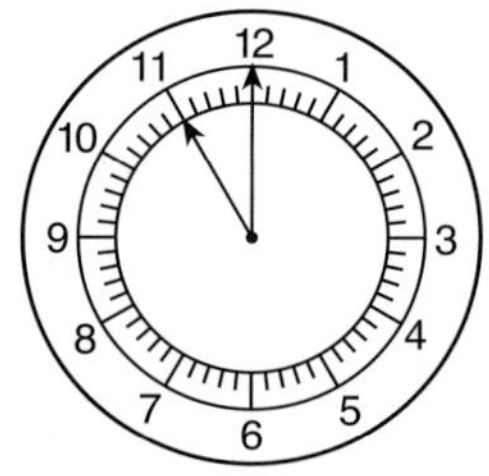

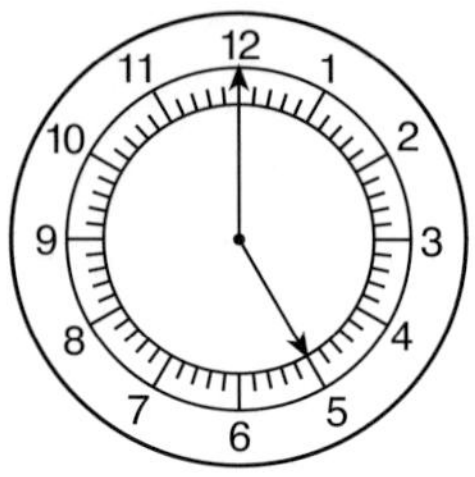

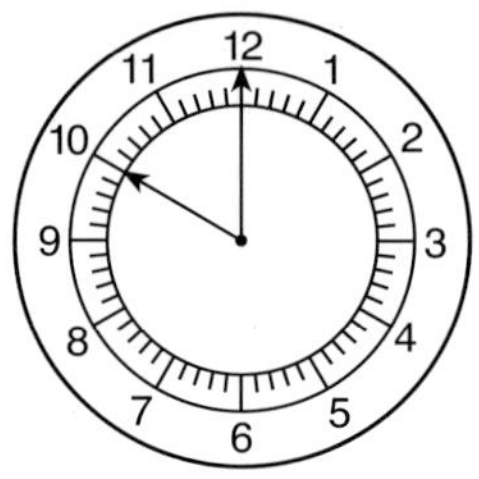

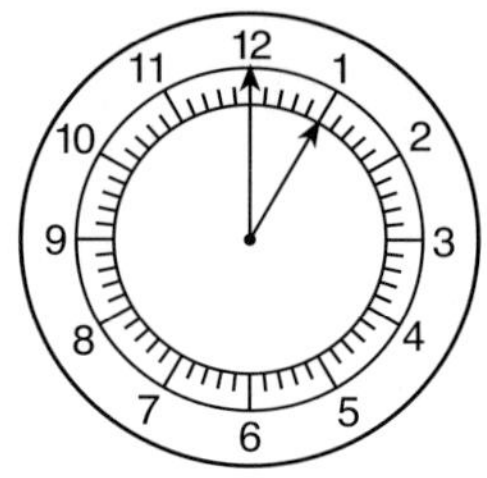

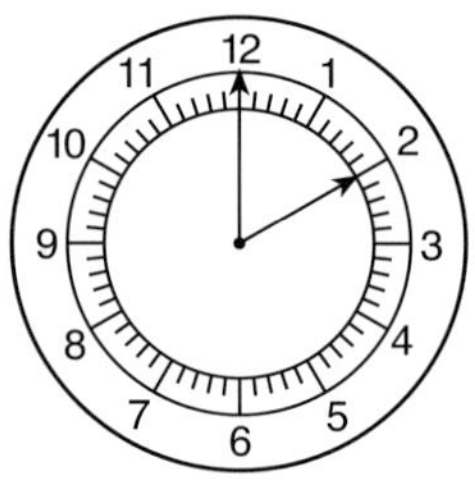

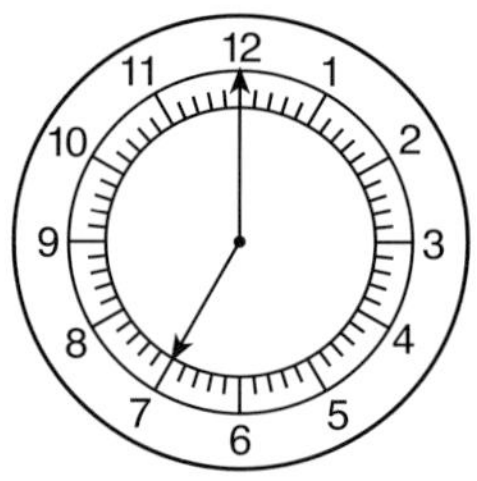

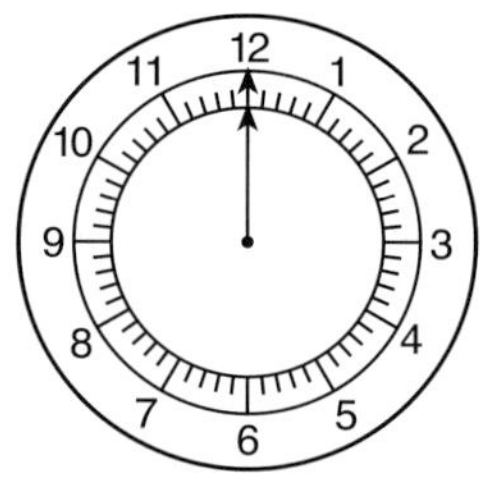

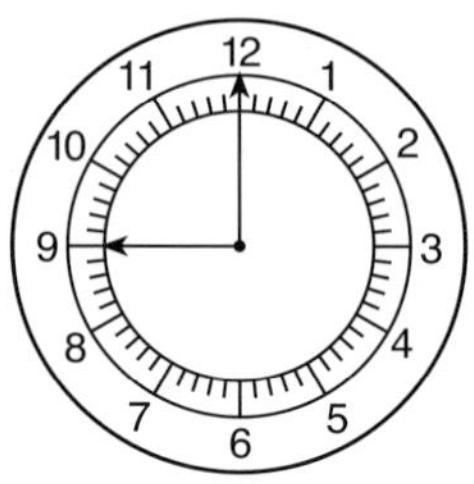

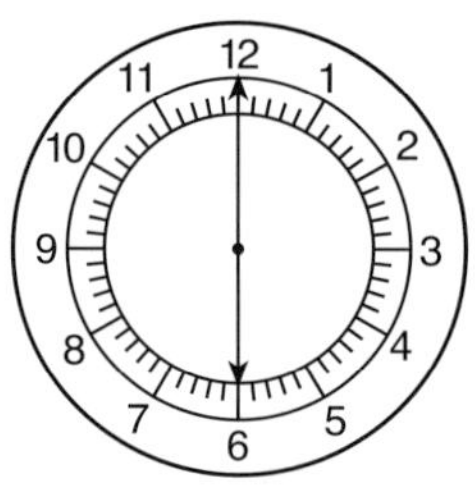

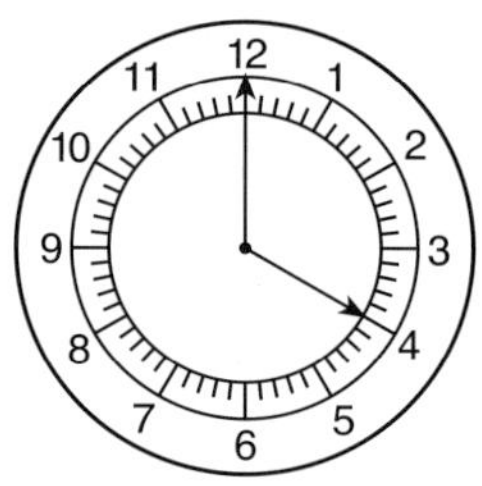

KOPIERVORLAGE

Bergedorfer Grundschulpraxis: Mathematik – 1. Klasse, Band 2

Name: ______________________ **65**

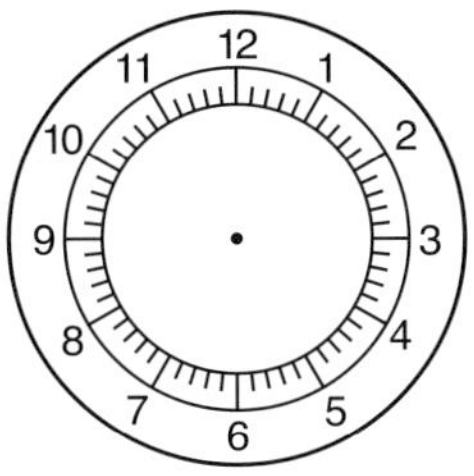 5 Uhr 17 Uhr	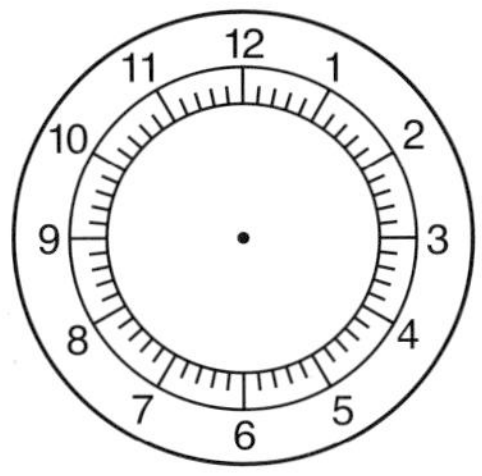 ________ 13 Uhr	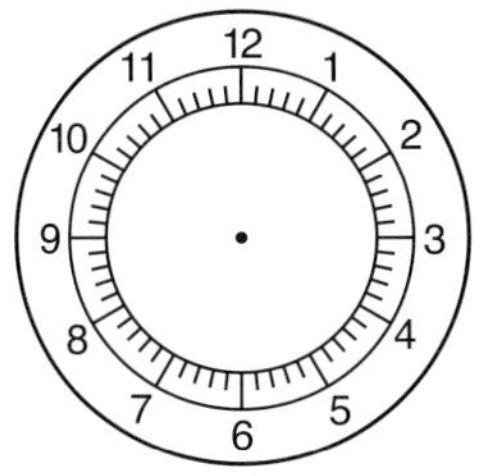 9 Uhr ________
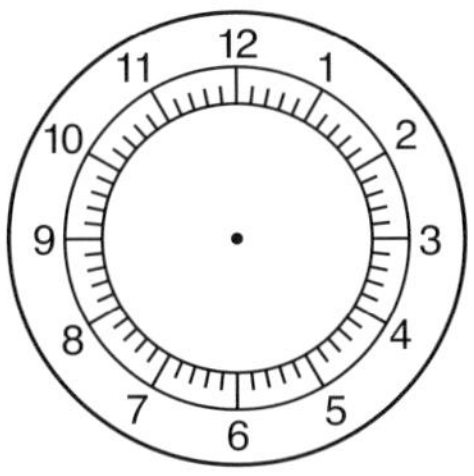 ________ 15 Uhr	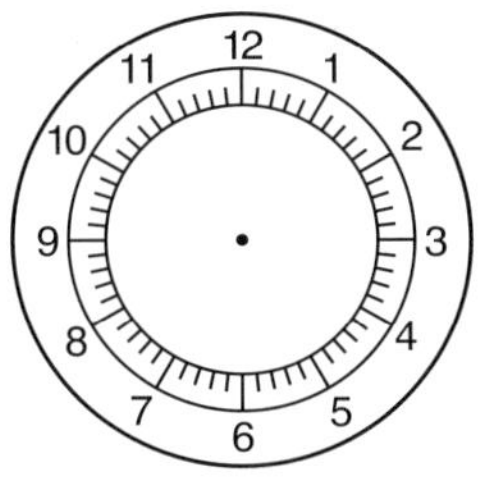 7 Uhr ________	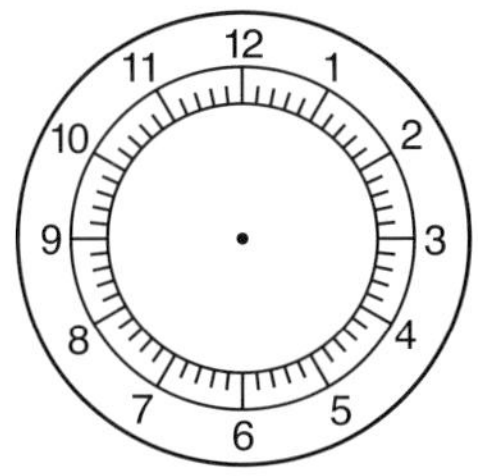 ________ 0 Uhr
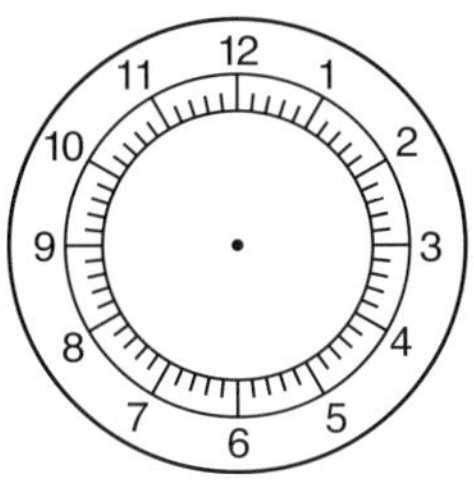 8 Uhr ________	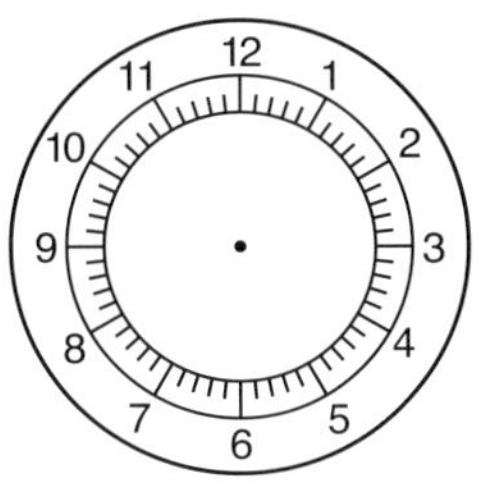 ________ 22 Uhr	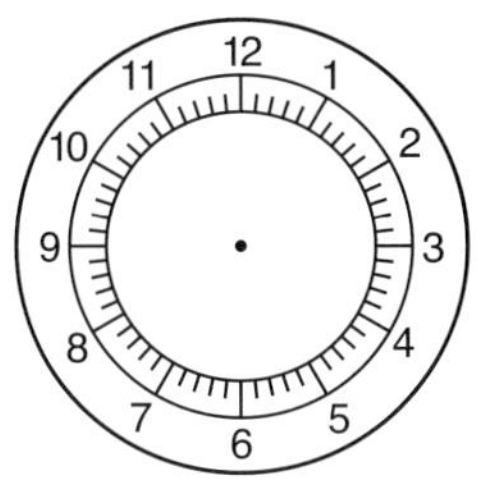 4 Uhr ________
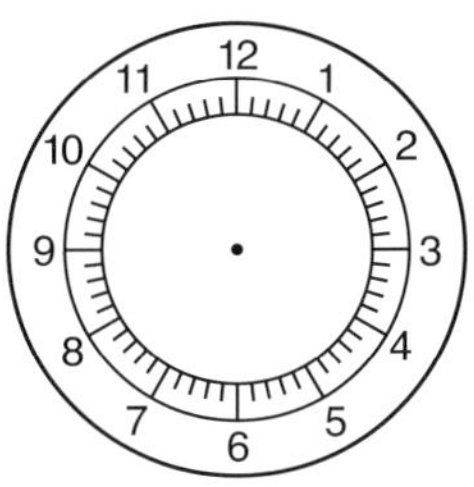 ________ 18 Uhr	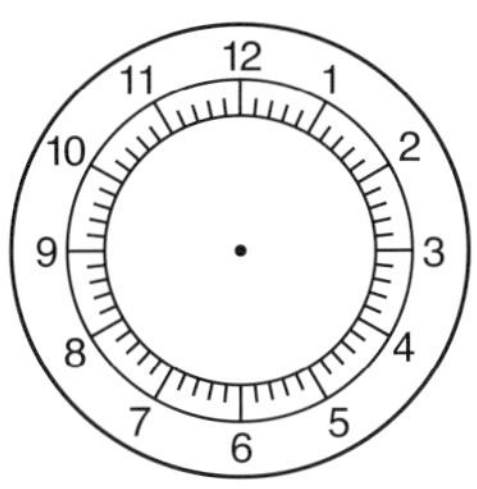 2 Uhr ________	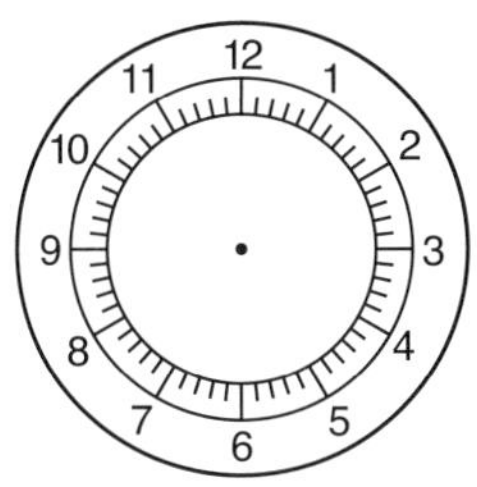 ________ 23 Uhr

Name: ______________________ **66**

	Beginn	Ende	Dauer
	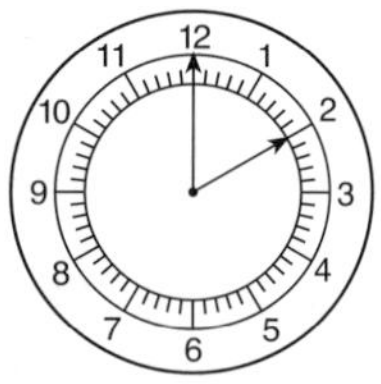 ____ Uhr	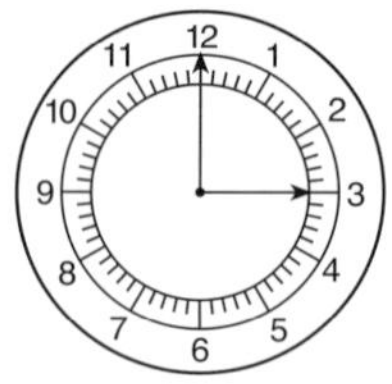 ____ Uhr	____ Stunde/n
	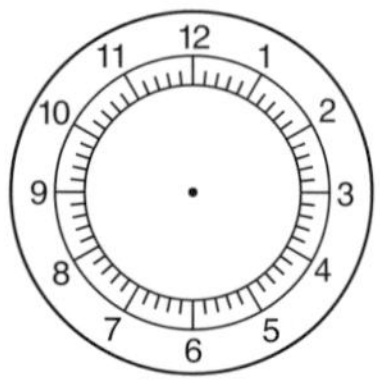 8 Uhr	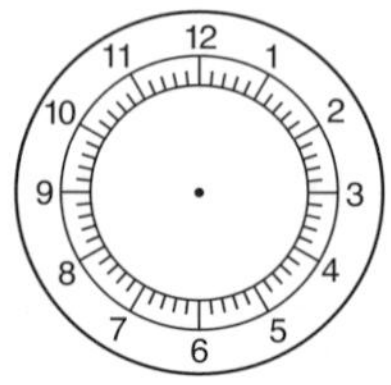 12 Uhr	____ Stunde/n
	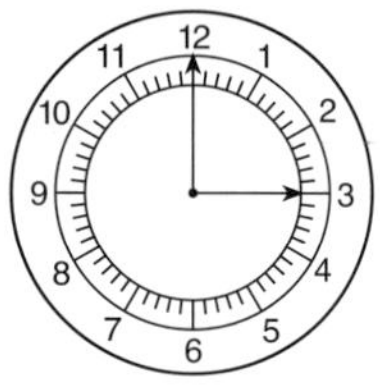 ____ Uhr	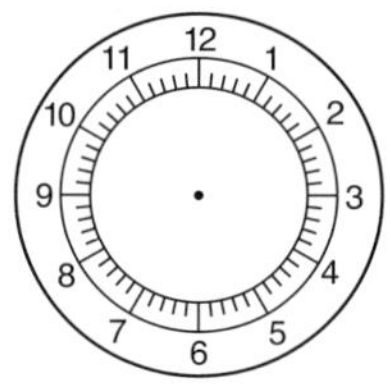 18 Uhr	____ Stunde/n
	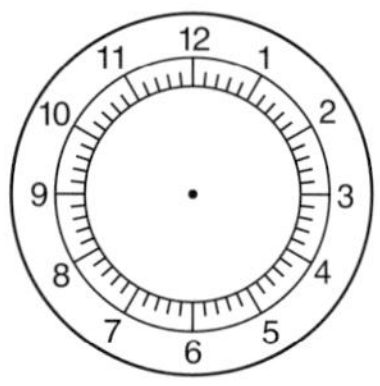 16 Uhr	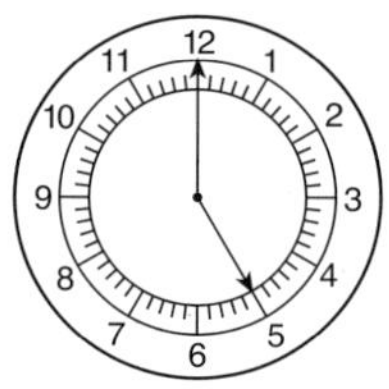 ____ Uhr	____ Stunde/n
	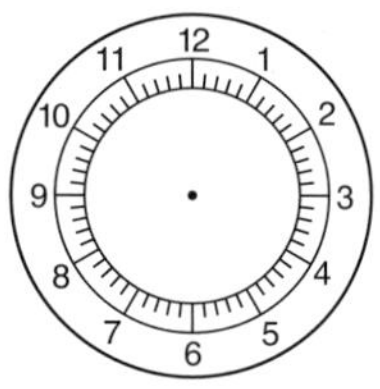 20 Uhr	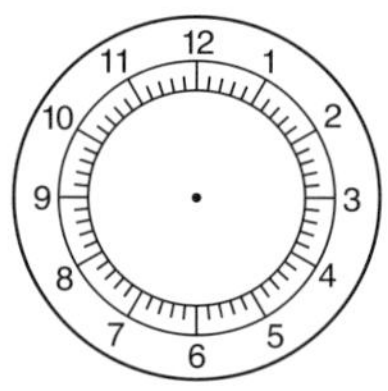 7 Uhr	____ Stunde/n
	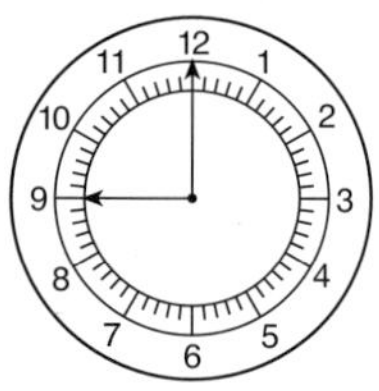 ____ Uhr	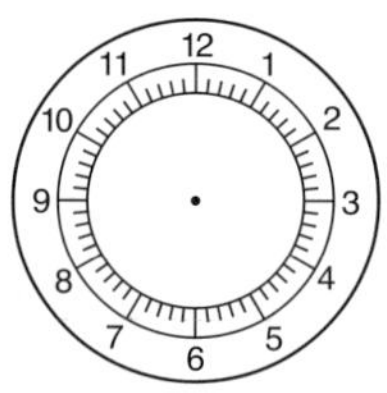 21 Uhr	____ Stunde/n
	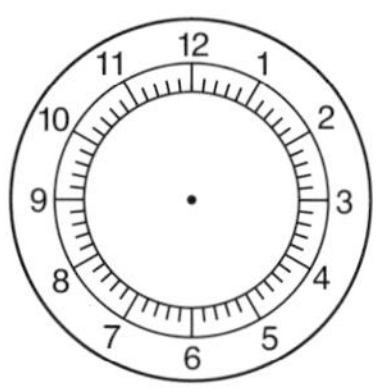 14 Uhr	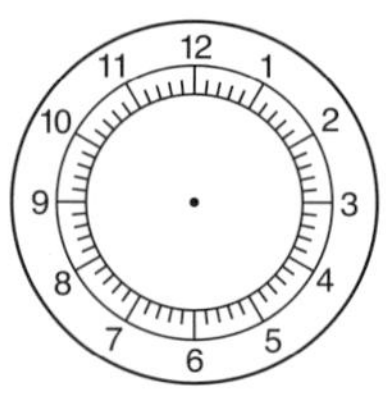 17 Uhr	____ Stunde/n
	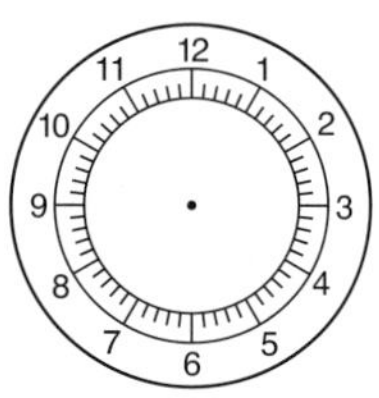 10 Uhr	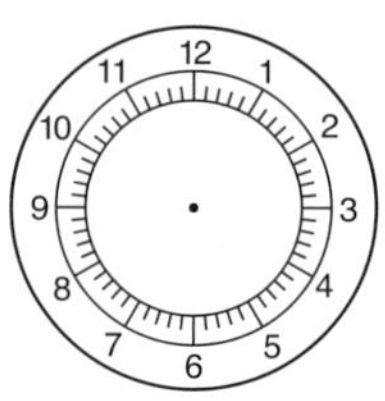 12 Uhr	____ Stunde/n

KOPIERVORLAGE

Name: ______________________________ **67**

	Beginn	Ende	Dauer
	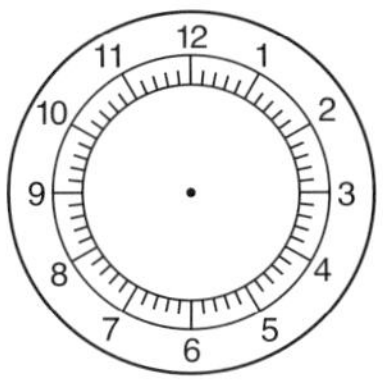 ______ Uhr	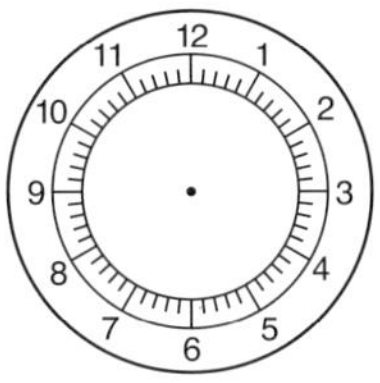 ______ Uhr	______ Stunde/n
	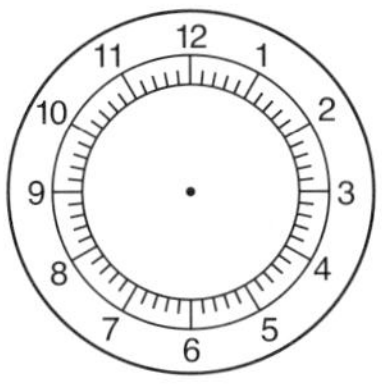 ______ Uhr	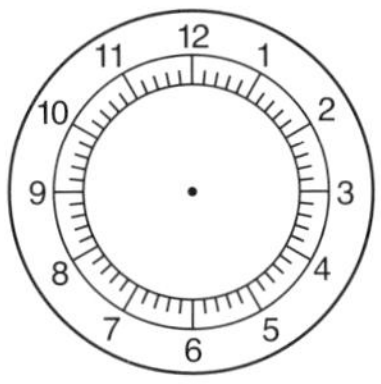 ______ Uhr	______ Stunde/n
	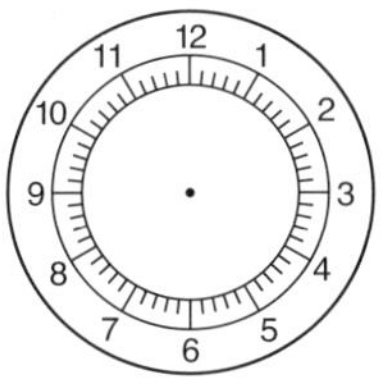 ______ Uhr	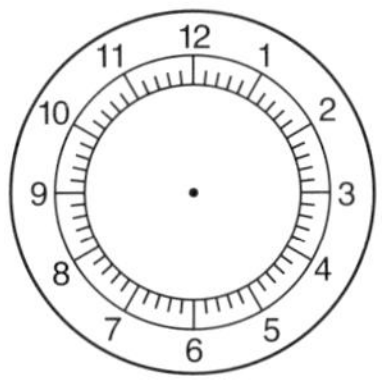 ______ Uhr	______ Stunde/n
	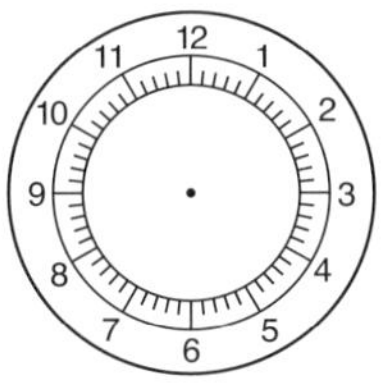 ______ Uhr	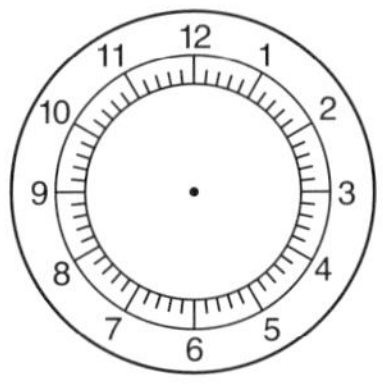 ______ Uhr	______ Stunde/n
	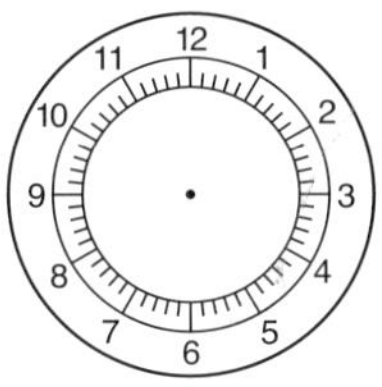 ______ Uhr	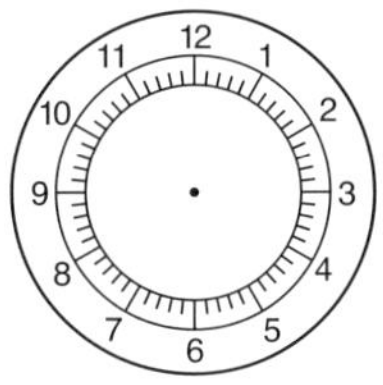 ______ Uhr	______ Stunde/n
	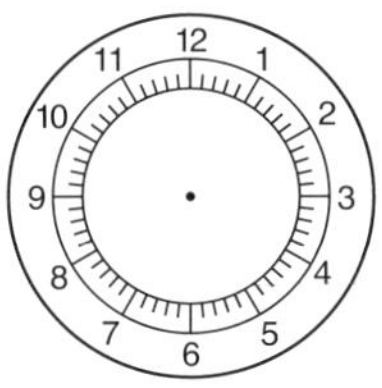 ______ Uhr	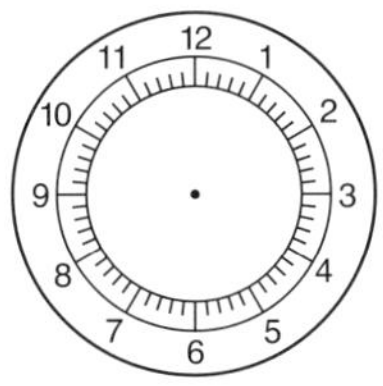 ______ Uhr	______ Stunde/n
	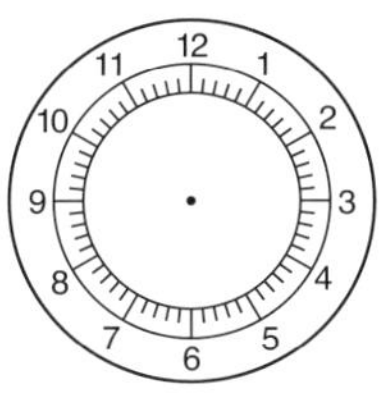 ______ Uhr	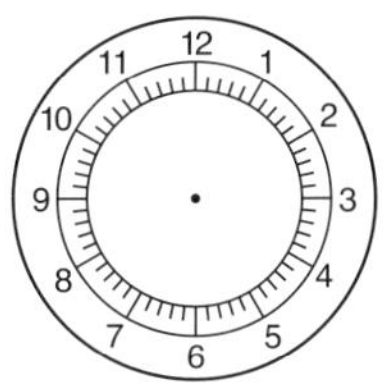 ______ Uhr	______ Stunde/n
	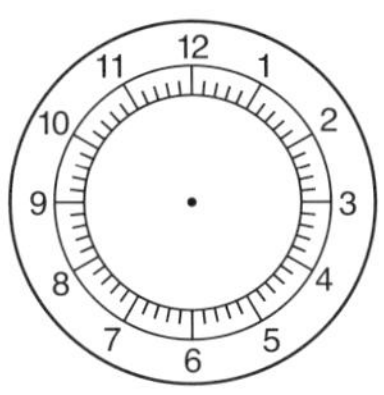 ______ Uhr	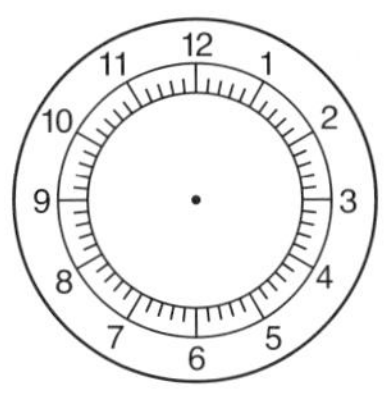 ______ Uhr	______ Stunde/n

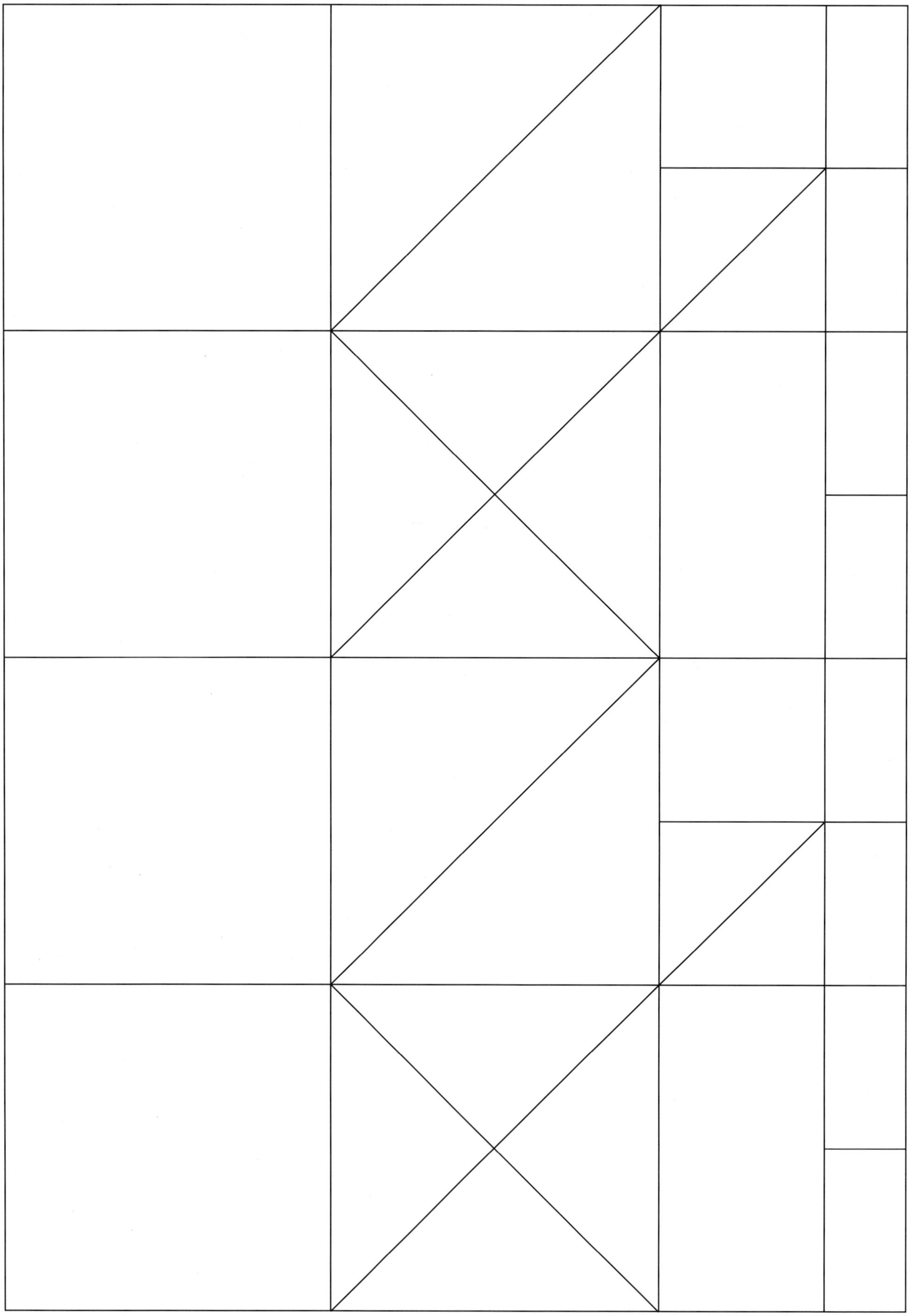

Material

69

Name: **70**

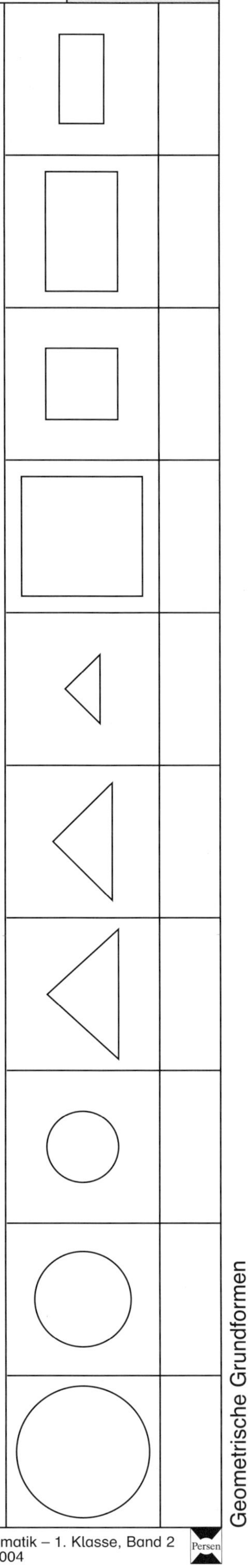

 KOPIERVORLAGE

MEIN FALTBUCH

____

a) Ein rechteckiges Blatt (DIN A6) an der kurzen Mittellinie falten:

b) Ein rechteckiges Blatt (DIN A6) an der langen Mittellinie falten:

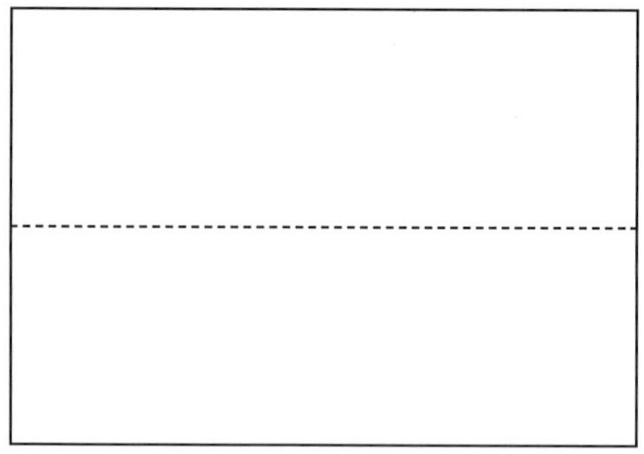

c) Ein rechteckiges Blatt (DIN A6) so falten, dass die linke kurze Seite mit der unteren langen Seite zusammenfällt:

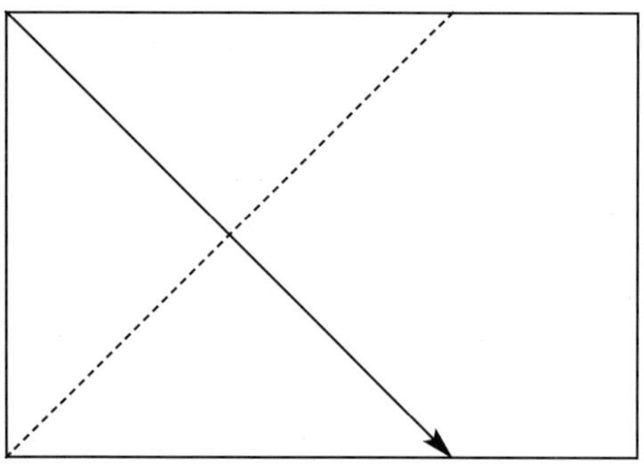

d) Ein rechteckiges Blatt (DIN A6) so falten, dass die rechte kurze Seite mit der unteren langen Seite zusammenfällt:

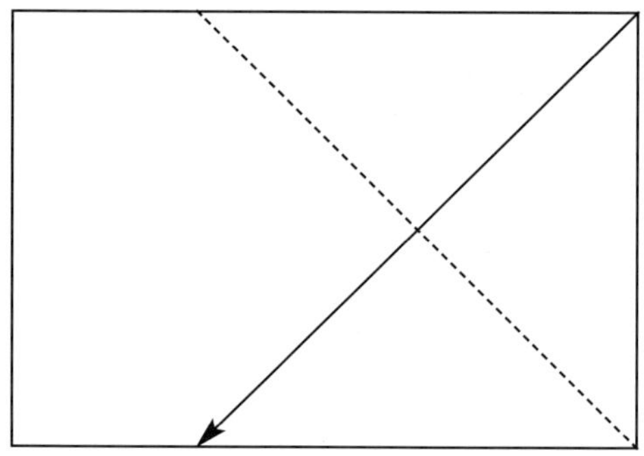

e) Ein Quadrat (105 x 105 mm) an der Mittellinie falten:

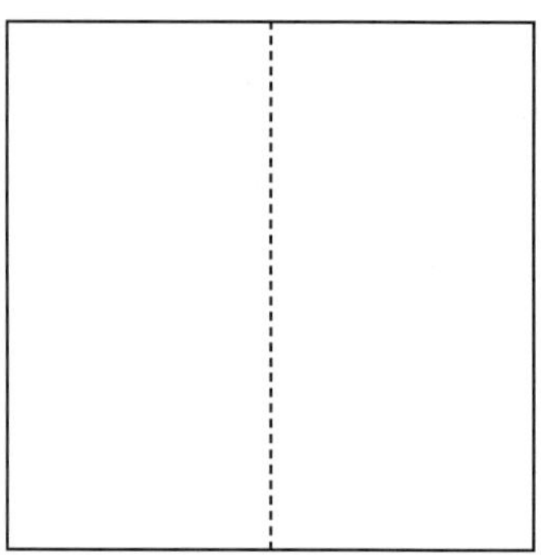

f) Ein Quadrat (105 x 105 mm) an einer Diagonalen falten:

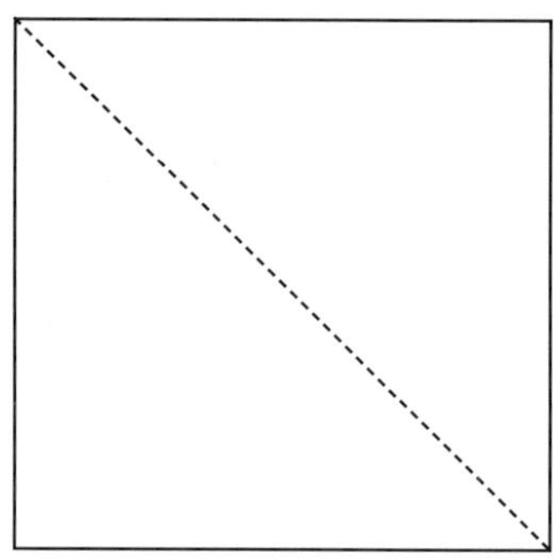

KOPIERVORLAGE

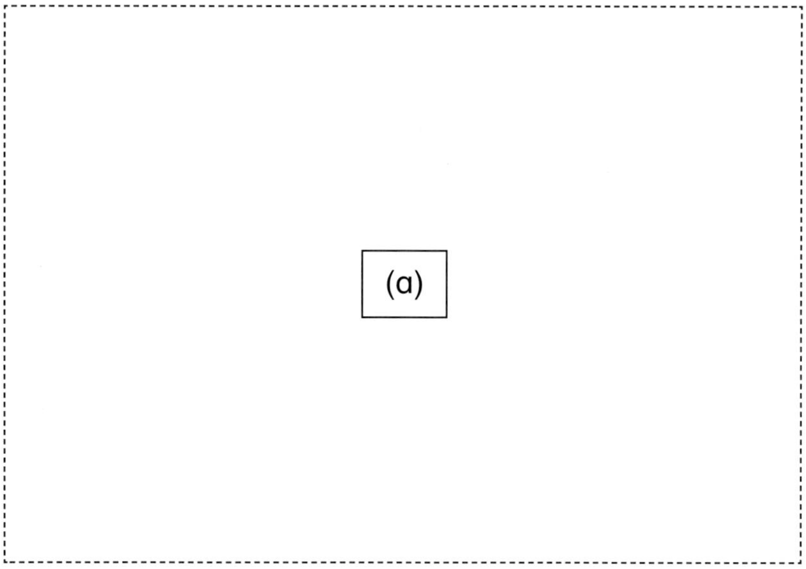
(a)

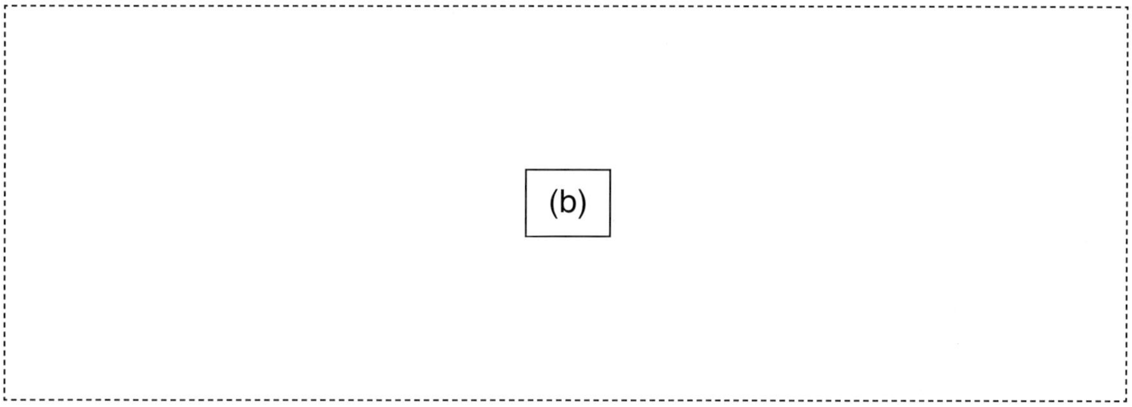
(b)

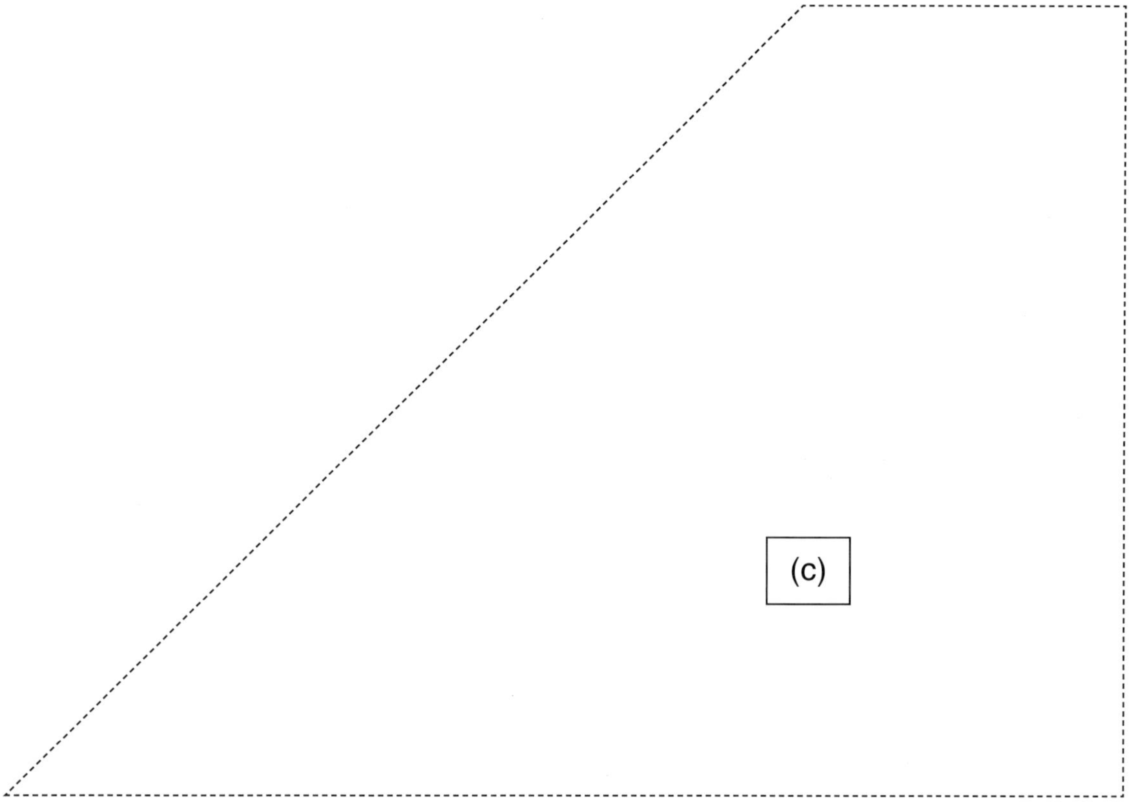
(c)

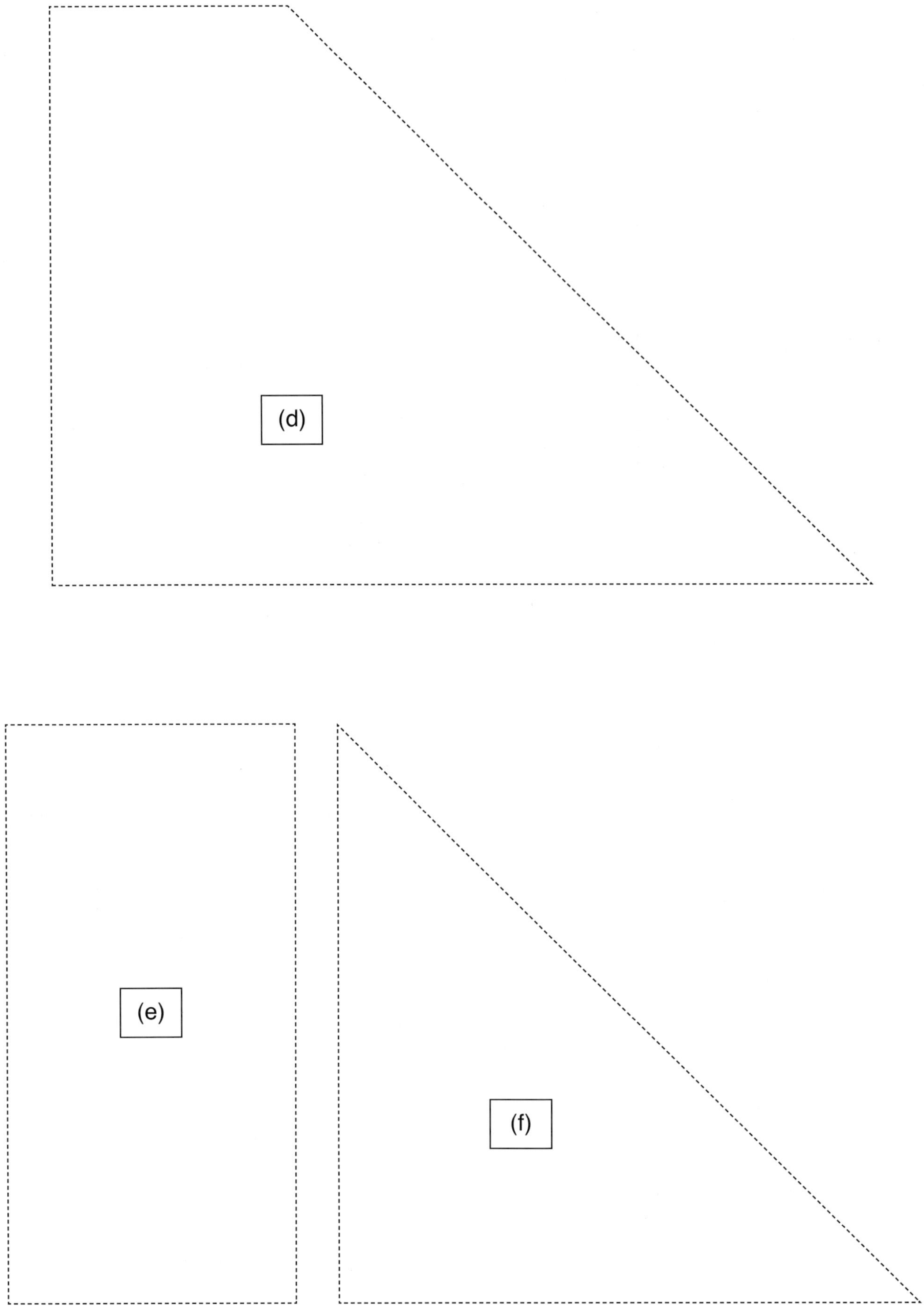

Bergedorfer Grundschulpraxis: Mathematik – 1. Klasse, Band 2

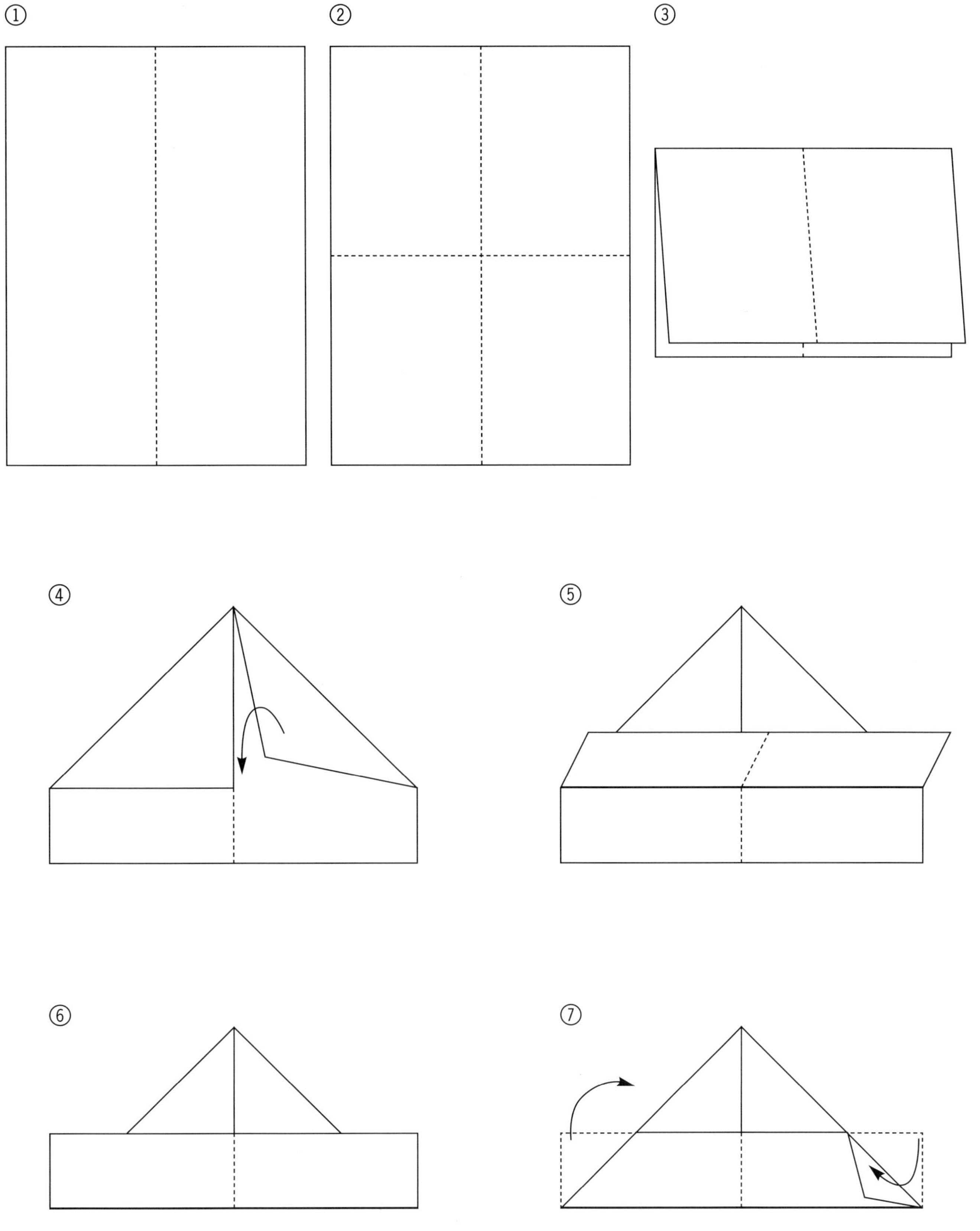
①
②
③
④
⑤
⑥
⑦

Legeblatt zur Aufgliederung von Zahlen

4.1

1	2	3	4	5	6	7	8	9	10	11	12	13	14	15	16	17	18	19	20

KOPIERVORLAGE

Zahlenstrahl und Zahlstreifen

4.2

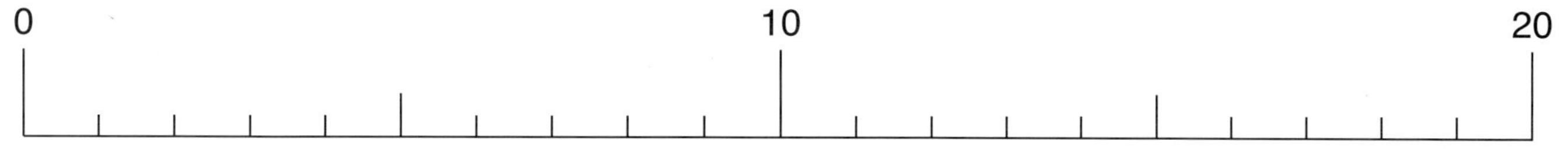

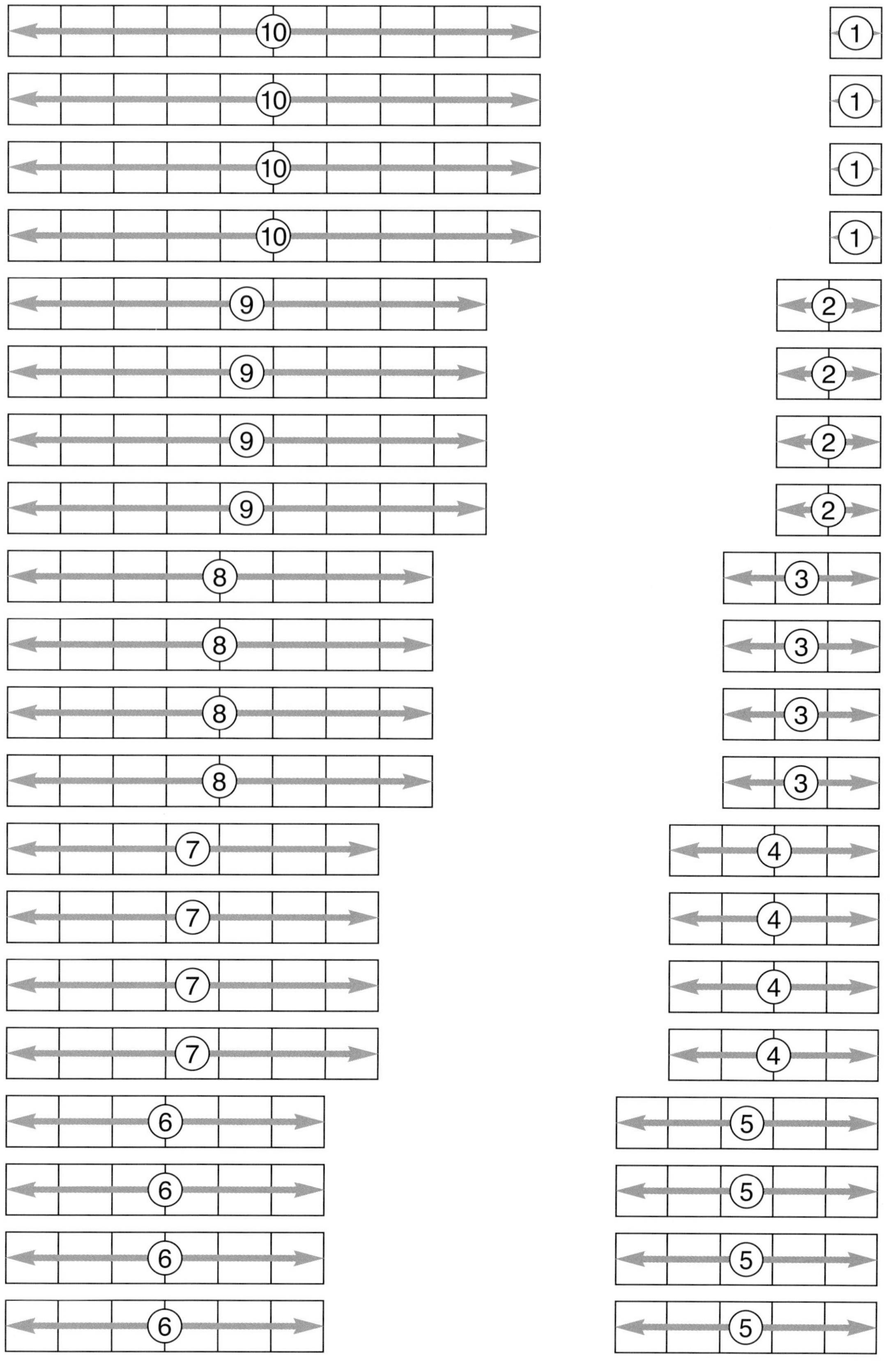

Bergedorfer Grundschulpraxis: Mathematik – 1. Klasse, Band 2

KOPIERVORLAGE

Zahlen- und Rechenzeichenkarten

4.3

0	1	2	3	4
5	6	7	8	9
10	11	12	13	14
15	16	17	18	19
20	+	+	–	–

KOPIERVORLAGE

Symbolkarten

4.4

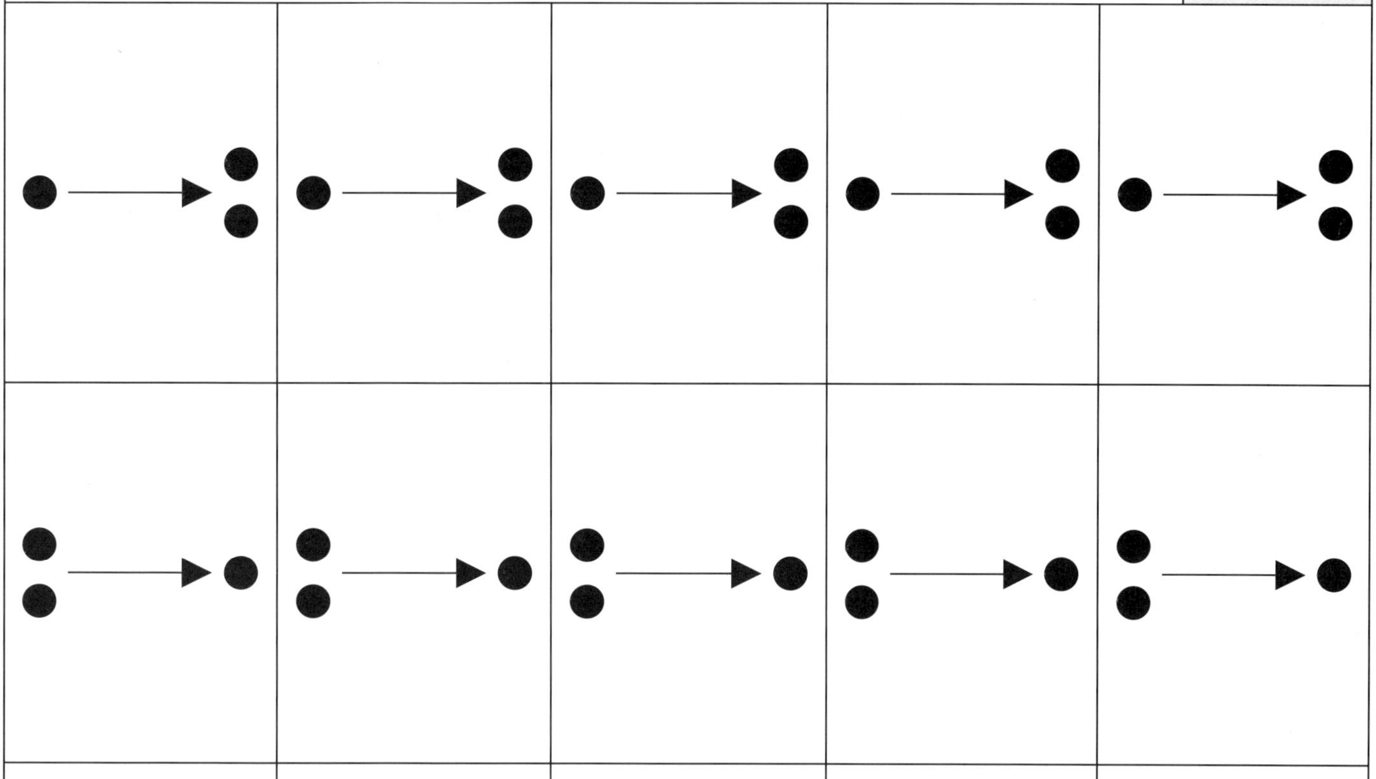

<	<	<	<	<
>	>	>	>	>
=	=	=	=	=

Operatorpfeil-Karten – Addition

4.5.1

+ 1 →	+ 2 →
+ 3 →	+ 4 →
+ 5 →	+ 6 →
+ 7 →	+ 8 →
+ 9 →	+ 10 →

KOPIERVORLAGE

Operatorpfeil-Karten – Addition

4.5.2

+ 11 →	+ 12 →
+ 13 →	+ 14 →
+ 15 →	+ 16 →
+ 17 →	+ 18 →
+ 19 →	+ 20 →

Operatorpfeil-Karten – Subtraktion

4.6.1

– 1	– 2
– 3	– 4
– 5	– 6
+ 7	– 8
– 9	– 10

KOPIERVORLAGE

Bergedorfer Grundschulpraxis: Mathematik – 1. Klasse, Band 2

Operatorpfeil-Karten – Subtraktion

4.6.2

– 11 →	– 12 →
– 13 →	– 14 →
– 15 →	– 16 →
+ 17 →	– 18 →
– 19 →	– 20 →

Spiele mit Aufgabenkarten – Regeln

4.7.1

Variante 1 – Thema: Addition

Spielerzahl: max. 4
Material: Zahlenkarten (**Anhang 4. 3**: Zahlen 10-20), Aufgabenkarten (**Anhang 4.8.1 – 4.8.4**), eine Uhr

1. Alle Aufgabenkarten liegen offen auf dem Tisch. Die Zahlenkarten liegen als verdeckter Stapel daneben.
2. Ein Spieler zieht eine Zahlenkarte (z. B.: 18) und legt sie offen auf den Tisch.
3. Auf ein Startzeichen suchen die Spieler innerhalb einer vorgegebenen Zeit möglichst viele Aufgabenkarten heraus, mit denen die auf der Zahlenkarte dargestellte Summe (18) erreicht werden kann.
4. Der Spieler mit den meisten Aufgabenkarten hat gewonnen.

Variante 2 – Thema: Nachbaraufgaben

Spielerzahl: max. 4
Material: Aufgabenkarten (**Anhang 4.8.1 – 4.8.4**)

1. Jeder Spieler erhält 6 Aufgabenkarten. Die restlichen Karten liegen verdeckt auf einem Stapel.
2. Es wird reihum gespielt. Der Spieler, der an der Reihe ist, versucht mit seinen Karten „Aufgabenpaare“ (Nachbaraufgaben) zu legen. Pro abgelegtes Paar bekommt der Spieler einen Punkt.
3. Ab der 2. Spielrunde nehmen die Spieler zunächst eine Karte vom Stapel auf.
4. Das Spiel ist zu Ende, wenn die letzte Karte vom Stapel gezogen wurde.
5. Der Spieler mit den meisten Punkten hat gewonnen.

Variante 3 – Thema: Nachbaraufgaben

Spielerzahl: max. 4
Material: Aufgabenkarten (**Anhang 4.8.1 – 4.8.4**)

1. Vor jedem Spieler wird offen eine Aufgabenkarte ausgelegt. Die anderen Karten liegen verdeckt auf einem Stapel.
2. Es wird reihum gespielt. Der Spieler, der an der Reihe ist, zieht eine Karte vom Stapel und prüft die ausgelegten Karten **aller** Spieler, ob er dort seine aufgenommene Karte ablegen kann.
3. Abgelegt werden können Karten mit Nachbaraufgaben. Sie werden jeweils offen auf die entsprechende Karte (vor den Spielern) gelegt.
4. Wenn ein Spieler nicht ablegen kann, behält er die Karte und kann in der nächsten Runde – nach dem Ziehen einer neuen Karte – alle passenden Karten ablegen.
5. Das Spiel ist zu Ende, wenn kein Spieler mehr ablegen kann.
6. Gewonnen hat der Spieler, der keine Karten mehr hat.
   Oder: Jede Karte, die ein Spieler noch auf der Hand hat, zählt als Strafpunkt.

Variante 4 – Thema: Nachbaraufgaben

Spielerzahl: 2
Material: Aufgabenkarten (**Anhang 4.8.1 – 4.8.4**)

1. Eine Karte liegt offen in der Mitte des Tisches. Die anderen Karten liegen verdeckt auf einem Stapel.
2. Es wird reihum gespielt. Der Spieler, der an der Reihe ist, zieht eine Karte und prüft, ob er sie an die vorhandene(n) Karte(n) anlegen kann.
3. Ziel des Spiels ist es, die Aufgabenkarten **strukturiert** anzulegen (verschiedene Möglichkeiten, s. u.).
4. Wenn ein Spieler nicht anlegen kann, behält er die Karte und kann in der nächsten Runde – nach dem Ziehen einer neuen Karte – alle passenden Karten anlegen.
5. Das Spiel ist zu Ende, wenn sich keine Karten mehr anlegen lassen.
6. Es gibt **keinen Gewinner**.

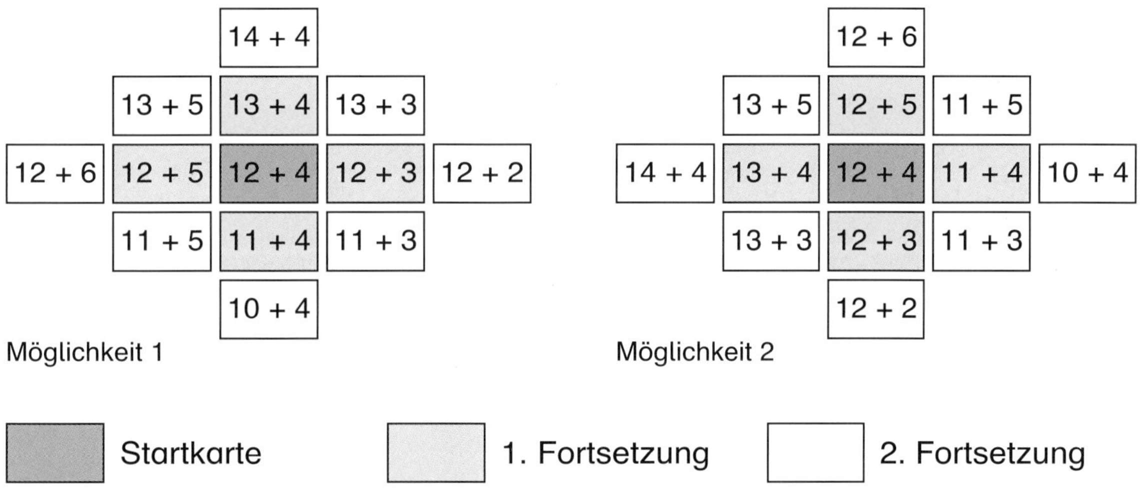

Variante 5 (Memory)

Spielerzahl: max. 5
Material: Aufgabenkarten (**Anhang 4.8.1 – 4.8.4**)
Hierbei empfiehlt es sich, eine Vorauswahl (Reduzierung) nach Anzahl und Summenwert bei den Aufgabenkarten vorzunehmen.

1. Die Karten werden verdeckt auf dem Tisch ausgelegt.
2. Es wird reihum gespielt. Der Spieler, der an der Reihe ist, deckt zwei beliebige Karten auf und prüft, ob sie ein Paar bilden – d. h. ob die Aufgaben dasselbe Ergebnis haben (z. B. „11 + 2" und „9 + 4"). Ist das der Fall, legt der Spieler das Paar vor sich ab und darf noch einmal spielen.
   Passen die Karten nicht zusammen, dreht der Spieler die Karten wieder um und der nächste Spieler ist an der Reihe.
3. Das Spiel ist zu Ende, wenn alle Paare gefunden wurden.
4. Der Spieler mit den meisten Paaren hat gewonnen.

Aufgabenkarten

4.8.1

10 + 0	9 + 1	8 + 2
7 + 3	6 + 4	5 + 5
11 + 0	10 + 1	9 + 2
8 + 3	7 + 4	6 + 5
12 + 0	11 + 1	10 + 2
9 + 3	8 + 4	7 + 5
6 + 6	13 + 0	12 + 1
11 + 2	10 + 3	9 + 4

Aufgabenkarten

4.8.2

8 + 5	7 + 6	14 + 0
13 + 1	12 + 2	11 + 3
10 + 4	9 + 5	8 + 6
7 + 7	15 + 0	14 + 1
13 + 2	12 + 3	11 + 4
10 + 5	9 + 6	8 + 7
16 + 0	15 + 1	14 + 2
13 + 3	12 + 4	11 + 5

Aufgabenkarten

4.8.3

10 + 6	9 + 7	8 + 8
17 + 0	16 + 1	15 + 2
14 + 3	13 + 4	12 + 5
11 + 6	10 + 7	9 + 8
18 + 0	17 + 1	16 + 2
15 + 3	14 + 4	13 + 5
12 + 6	11 + 7	10 + 8
9 + 9	19 + 0	18 + 1

KOPIERVORLAGE

Aufgabenkarten

17 + 2	16 + 3	15 + 4
14 + 5	13 + 6	12 + 7
11 + 8	10 + 9	20 + 0
19 + 1	18 + 2	17 + 3
16 + 4	15 + 5	14 + 6
13 + 7	12 + 8	11 + 9
10 + 10		

Bergedorfer® Grundschulpraxis - alle Bände im Überblick

Grundschulunterricht in allen Fächern - leicht gemacht!

Waltraud Kruit/Ellen Müller/Claudia Schweer

Bergedorfer® Grundschulpraxis – Deutsch

1. Klasse

Band 1
206 Seiten, DIN A4, kartoniert
Best.-Nr. **3932**

Band 2
188 Seiten, DIN A4, kartoniert
Best.-Nr. **3933**

Band 3
Ca. 160 Seiten, DIN A4, kartoniert
Best.-Nr. **3982**

2. Klasse

Band 1
Ca. 150 Seiten, DIN A4, kartoniert
Best.-Nr. **3934**

Band 2
Ca. 150 Seiten, DIN A4, kartoniert
Best.-Nr. **3935**

3. Klasse

Band 1
Ca. 150 Seiten, DIN A4, kartoniert
Best.-Nr. **3936**

Band 2
Ca. 150 Seiten, DIN A4, kartoniert
Best.-Nr. **3937**

4. Klasse

Band 1
Ca. 150 Seiten, DIN A4, kartoniert
Best.-Nr. **3938**

Band 2
Ca. 150 Seiten, DIN A4, kartoniert
Best.-Nr. **3939**

Individualisierung, **Handlungsorientierung** und **Lernen in Zusammenhängen** sind hier oberstes Gebot. Der systematische Aufbau des Lehrgangs und die zahlreichen kreativen Anregungen der „Ideenbörse" erleichtern Ihnen die Unterrichtsvorbereitung erheblich. Eine besondere Hilfe sind auch die vielseitigen Vorschläge zum freien Schreiben mit der Anlauttabelle.

Karl-Heinz Langer/Heinz Lewe/Michael Schnücker

Bergedorfer® Grundschulpraxis – Mathematik

1. Klasse

Band 1
104 Seiten, DIN A4, kartoniert
Best.-Nr. **3958**

Band 2
Ca. 100 Seiten, DIN A4, kartoniert
Best.-Nr. **3959**

2. Klasse

Band 1
126 Seiten, DIN A4, kartoniert
Best.-Nr. **3960**

Band 2
Ca. 100 Seiten, DIN A4, kartoniert
Best.-Nr. **3961**

3. Klasse

Band 1
Ca. 100 Seiten, DIN A4, kartoniert
Best.-Nr. **3962**

Band 2
Ca. 100 Seiten, DIN A4, kartoniert
Best.-Nr. **3963**

4. Klasse

Band 1
Ca. 100 Seiten, DIN A4, kartoniert
Best.-Nr. **3964**

Band 2
Ca. 100 Seiten, DIN A4, kartoniert
Best.-Nr. **3965**

Lebendiger Mathematikunterricht von Anfang an!
Diese Unterrichtshilfen machen die Kinder neugierig auf mathematische Zusammenhänge durch **kindgemäße, differenzierende Aufgaben.** Die übersichtlich strukturierten Seiten enthalten alle relevanten Lerninhalte für den Unterricht in der Grundschule. Sofort einsetzbare Kopiervorlagen und Kommentare erleichtern die Unterrichtsvorbereitung. Die Materialien sind unabhängig vom eingeführten Schulbuch einsetzbar.

Ursula Lassert

Bergedorfer® Grundschulpraxis – Englisch

3. Klasse

Band 1
136 Seiten, DIN A4, kartoniert
Best.-Nr. **3954**

Foliensatz 1
10 Folien, DIN A4, vierfarbig
Best.-Nr. **3985**

Band 2
156 Seiten, DIN A4, kartoniert
Best.-Nr. **3955**

Foliensatz 2
16 Folien, DIN A4, vierfarbig
Best.-Nr. **3986**

CD mit Liedern für die 3. Klasse
Best.-Nr. **3989**

4. Klasse

Band 1
Ca. 110 Seiten, DIN A4, kartoniert
Best.-Nr. **3956**

Foliensatz 1
Ca. 15 Folien, DIN A4, vierfarbig
Best.-Nr. **3987**

Band 2
Ca. 110 Seiten, DIN A4, kartoniert
Best.-Nr. **3957**

Foliensatz 2
Ca. 15 Folien, DIN A4, vierfarbig
Best.-Nr. **3988**

CD mit Liedern für die 4. Klasse
Best.-Nr. **3990**

Zu Hause hier und dort – Jeden Tag und jedes Jahr – Lernen, arbeiten, freie Zeit – Durch die Zeiten – Eine Welt für alle – Auf den Flügeln der Fantasie: Diese **sechs Erfahrungsfelder** bilden den Ausgangspunkt für den gemeinsamen Erlebnisrahmen der Schülerinnen und Schüler. Arbeitsblätter, Lieder, Reime und Spiele sind im Handumdrehen einsatzbereit. Die Unterrichtssequenzen liefern **praktische Anregungen** zum Unterrichtsaufbau und einfaches englisches Sprachmaterial.

Bestens vorbereitet in allen Fächern der Grundschule!

Bergedorfer® Grundschulpraxis – alle Bände im Überblick

Mona Dechant/Karl-Walter Kohrs

Bergedorfer® Grundschulpraxis – Sachunterricht

1./2. Klasse

Natur und Leben
172 Seiten, DIN A4, kartoniert
Best.-Nr. **3940**

Technik und Arbeitswelt
Ca. 100 Seiten, DIN A4, kartoniert
Best.-Nr. **3941**

Raum und Umwelt
Ca. 100 Seiten, DIN A4, kartoniert
Best.-Nr. **3942**

Mensch und Gemeinschaft
Ca. 100 Seiten, DIN A4, kartoniert
Best.-Nr. **3943**

Zeit und Kultur
Ca. 100 Seiten, DIN A4, kartoniert
Best.-Nr. **3944**

3./4. Klasse

Natur und Leben
Ca. 150 Seiten, DIN A4, kartoniert
Best.-Nr. **3945**

Technik und Arbeitswelt
Ca. 100 Seiten, DIN A4, kartoniert
Best.-Nr. **3946**

Raum und Umwelt
Ca. 100 Seiten, DIN A4, kartoniert
Best.-Nr. **3947**

Mensch und Gemeinschaft
Ca. 100 Seiten, DIN A4, kartoniert
Best.-Nr. **3948**

Zeit und Kultur
Ca. 100 Seiten, DIN A4, kartoniert
Best.-Nr. **3949**

Forschend-entdeckendes Lernen und Arbeiten im Sachunterricht! Dieses umfassende, vielfältige sowie kindgemäße Materialangebot ermöglicht auch ohne Schulbuch einen auf die **aktuellen didaktischen Erkenntnisse** genau abgestimmten Sachunterricht. Jedes Thema bzw. jeder Aufgabenschwerpunkt wird anhand eines didaktisch-methodischen Kommentars entfaltet. Die benötigten Materialien werden im Anschluss daran gleich mitgeliefert. Versuchsbeschreibungen, die als Karteikarten angelegt sind, regen zum Experimentieren und Entdecken an.

Christian Gauer/Markus Gross/Sabine Grünschläger-Brenneke/
Micaela Röse/Gerhard Struwe

Bergedorfer® Grundschulpraxis – Religion

1. Klasse

Buch
172 Seiten, DIN A4,
kartoniert
Best.-Nr. **3950**

CD
68 Min. Spielzeit
Best.-Nr. **3974**

Foliensatz
13 Folien, DIN A5
Best.-Nr. **3975**

2. Klasse

Buch
Ca. 160 Seiten, DIN A4,
kartoniert
Best.-Nr. **3951**

CD
Ca. 65 Min. Spielzeit
Best.-Nr. **3976**

Foliensatz
Ca. 15 Folien, DIN A5
Best.-Nr. **3977**

3. Klasse

Buch
Ca. 160 Seiten, DIN A4,
kartoniert
Best.-Nr. **3952**

CD
Ca. 65 Min. Spielzeit
Best.-Nr. **3978**

Foliensatz
Ca. 15 Folien, DIN A5
Best.-Nr. **3979**

4. Klasse

Buch
Ca. 160 Seiten, DIN A4,
kartoniert
Best.-Nr. **3953**

CD
Ca. 65 Min. Spielzeit
Best.-Nr. **3980**

Foliensatz
Ca. 15 Folien, DIN A5
Best.-Nr. **3981**

Umfassende Materialien für abwechslungsreiche Stunden, die alle relevanten Themen abdecken! Für jedes Thema liefern die Bände **fundierte theologisch-didaktische Kommentare** und für die einzelnen Unterrichtseinheiten **praxiserprobte Bausteine**. Alle Sequenzen werden in übersichtliche Unterrichtsschritte aufgeteilt und enthalten die benötigten Materialien und Kopiervorlagen für die Unterrichtsgestaltung. Hier wird der Religionsunterricht zu einem ganzheitlichen Erlebnis.

Beate Büngers/Felix Busch/Anke Matuschewski/Diana Rips/
Silke Weber

Bergedorfer® Grundschulpraxis – Sport

1./2. Klasse

Band 1
140 Seiten, DIN A4,
kartoniert
Best.-Nr. **3918**

Band 2
160 Seiten, DIN A4,
kartoniert
Best.-Nr. **3919**

Begleit-CD
60 Minuten Spieldauer
Best.-Nr. **3922**

3./4. Klasse

Band 1
Ca. 150 Seiten, DIN A4,
kartoniert
Best.-Nr. **3920**

Band 2
Ca. 150 Seiten, DIN A4,
kartoniert
Best.-Nr. **3921**

Begleit-CD
Ca. 60 Minuten Spieldauer
Best.-Nr. **3923**

Mit wenig Vorbereitungsaufwand fantasievoll und erlebnisorientiert Sport unterrichten! Dazu bieten diese Bände tolle themengeleitete Sportstunden mit **originellen Spielideen** und **effektiven Übungen**, kompakte Angebote für alle Bereiche des Sportunterrichts (auf zwei Bände verteilt) sowie **Begleit-CDs**, die alle Lieder und Stücke für den Bereich Gymnastik/Tanz enthalten, aber auch Musik zum schnellen oder ausdauernden Laufen, Zirkusmusik, Entspannungsmusik und Geräusche zum auditiven Einstieg in Fantasiesituationen.